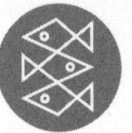

Gert Mittring ist nicht nur vielfacher Weltmeister im Kopfrechnen, sondern ein sympathisches Mathe-Genie, das dem Otto-Normal-Rechner auf Augenhöhe begegnet. Er will Praxis vermitteln, nicht Theorie, und nimmt seinen Lesern die Angst vor Zahlen und Formeln. Seine Rechenwege sind teils unkonventionell, aber immer nachvollziehbar. Gert Mittring erklärt Mathematik so, dass jeder sie verstehen und für sich nutzen kann. Gleichzeitig zeigt er, wie viel Spaß es macht, Zahlen ganz selbstverständlich in den Alltag zu integrieren und damit die kleinen grauen Zellen anzuregen.

Gert Mittring, geboren 1966 in Stuttgart, hat Informatik, Pädagogik und Psychologie studiert. Jahr für Jahr verteidigt er seinen Weltmeistertitel im Kopfrechnen bei der Mind Sports Olympiad. Er leitet Workshops, führt begabungspsychologische Untersuchungen durch und ist in wissenschaftlichen Verbänden und Gremien tätig. Seit 2012 ist er Botschafter der Stiftung Rechnen. Seine unglaublichen Rechenfähigkeiten hat Gert Mittring bei zahlreichen Fernsehauftritten unter Beweis gestellt. »Rechnen mit dem Weltmeister« (FTV 18989, Fischer Taschenbibliothek 51283), sein erstes Buch, wurde ein Spiegel-Bestseller.

Weitere Informationen, auch zu E-Book-Ausgaben, finden Sie bei *www.fischerverlage.de*

Fit im Kopf

mit Rechenweltmeister
Dr. Dr. Mittring

Gedächtnistraining für jeden Tag
von Kaffeekochen bis Schäfchenzählen

FISCHER Taschenbuch

Erschienen bei FISCHER Taschenbuch
Frankfurt am Main, August 2013

© S. Fischer Verlag GmbH, Frankfurt am Main 2013
Illustrationen: Sophie Strauß
Satz: fotosatz griesheim GmbH
Druck und Bindung: CPI – Clausen & Bosse, Leck
Printed in Germany
ISBN 978-3-596-18936-6

Inhalt

Einleitung: Ein bisschen Rechengenie in 24 Stunden

In diesem Buch möchte ich Ihnen zeigen, wie man Rechnen und Gedächtnistraining spielerisch in seinen Alltag integrieren kann. Um besser rechnen zu können, muss man keine Kurse besuchen oder viel Zeit investieren, ein bisschen geht auch einfach so nebenher, behaupte ich. Vor der Ampel, im Büro und beim Nudelkochen. Im ganz normalen Alltag als eine Art Yoga für den Kopf. Das Gedächtnistraining findet quasi nebenbei statt, ohne dass man dafür extra pauken müsste.

Über einen ganzen Tag verteilt finden Sie hier lauter kleine und manchmal auch größere Rechen-Häppchen. Kennen Sie noch diese Energie-Bällchen, die es früher in den Ökoläden gab? Unheimlich süß, mit Datteln drin und Kokosflocken drum herum. Ungefähr so sollten Sie sich die Rechenaufgaben vorstellen. Die Idee mit den Häppchen gefällt mir auch deshalb, weil ich selbst meistens keine Lust habe, mich länger mit einer Sache zu beschäftigen, und in meinem eigenen Alltag gerne von einer Tätigkeit zur anderen wechsle, mir also alles in Häppchen zerlege.

Ihr durchschnittlicher Tag, wie ich ihn mir vorstelle, hat vielleicht ein paar Arbeitsstunden zu wenig, wenn Sie Vollzeit arbeiten, und ein paar zu viel, wenn Sie Teilzeit arbeiten. Bestimmt sind Sie in Ihrem Job auch viel engagierter als hier im Buch, wo Sie mit dem Kopf meist in den Zahlen stecken. Doch auch, wenn Ihr Tag eigentlich ganz anders aussieht, Sie werden sich in dem Rechen-Durchschnittstag hoffentlich wiederfinden.

Zum Wachwerden wiederholen wir erst mal Addieren und Subtrahieren, oder einfacher formuliert: plus und minus. Im Laufe des Tages steigert sich das Aufgabenniveau. Mit der Multiplikation werden wir uns etwas länger aufhalten, weil einiges in ihr steckt, und nicht zuletzt, weil sie meine Lieblingsgrundrechenart ist. Dabei werden Sie auch einige Methoden lernen, wie Sie Ihre Ergebnisse im Kopf überprüfen können. Die Division rundet dann die Grundrechenarten ab, und wir wenden uns dem angewandten Rechnen zu. Damit meine ich Prozentrechnen, Zinsrechnung, Dreisatz. Wenn wir dann zum Einschlafen Primschäfchen zählen, sollte das eine Entspannung sein und Ihnen nicht (mehr) schwerfallen.

Natürlich können Sie die Kapitel lesen, wann und in welcher Reihenfolge Sie wollen. Es gibt keinen zwingenden Grund, warum man morgens addieren und mittags multiplizieren sollte. Das haben Sie sich vermutlich schon gedacht, aber bevor es jemand falsch versteht, sage ich es lieber noch mal. Weil mein Anliegen beim Rechnen vor allem die Anwendbarkeit und Praxistauglichkeit ist, lernen Sie in diesem Buch neben den Grundrechenarten beispielsweise, wie Sie Mengen mit dem Dreisatz umrechnen, ein Urlaubsbudget festlegen oder die Zinsen einer Investition ausrechnen.

Kopfrechnen weist einige Unterschiede zum schriftlichen Rechnen auf. Sie werden immer wieder feststellen, dass es mir beim Rechnen um Vereinfachungen geht, vor allem um kleinere Zahlen und leichtere Rechenwege. Das führt paradoxerweise dazu, dass es erst mal mehr Rechenschritte gibt, und das kann am Anfang verwirrend sein.

Ich will Ihnen zeigen, dass Sie eine Aufgabenstellung nicht so hinnehmen müssen, wie sie dasteht, sondern dass Sie die

Aufgabe nach Ihren Bedürfnissen anders zusammenstellen und damit leichter machen können. Vielleicht bekommen Sie dabei auch Anregungen, selbst neue Abkürzungen, also unentdeckte Rechenwege zu finden oder erfinden.

Vor dem eigentlichen Rechnen kommt bei mir als Erstes immer der Schritt, die Aufgabe genau zu betrachten und sie zu vereinfachen. Indem Sie Zahlen neu sortieren, auseinandernehmen und anders zusammensetzen, machen Sie sich die Welt der Zahlen zu eigen. Auf diese Weise können Sie auch zunächst schwierig erscheinende Aufgaben in kleine Häppchen unterteilen, die Schritt für Schritt lösbar sind. Und zwar im Kopf! Der Nachteil daran ist natürlich, dass Sie sich einiges an Rechenwegen merken und immer mehrere Schritte gehen müssen. Aber nur so können auch schwierigere Aufgaben im Kopf gelöst werden.

Die ersten Kapitel dienen dazu, sich mit den Zahlen vertraut zu machen. Wir fangen mit ganz kleinen Zahlen an und spielen zum Aufwärmen ein bisschen mit ihnen. Gut rechnen können hat nämlich auch damit zu tun, dass man es ganz einfach oft tut und seine Zahlen kennt. So, wie Sie vermutlich nicht groß rechnen müssen, wenn ich Ihnen eine Aufgabe wie 8 + 12 stelle, weil Sie sofort parat haben, dass das Ergebnis 20 ist, wird es Ihnen bald auch mit größeren Zahlen und schwierigeren Aufgaben gehen, wenn Sie sich ein wenig Zeit nehmen und bereit sind, ein bisschen zu üben.

Die Welt ist voller Zahlenmaterial, und deswegen möchte ich Ihnen auch Anregungen geben, wie Sie sich selbst weitere Aufgaben ausdenken können. Bei den Beispielen habe ich mich deshalb bemüht, so oft wie möglich solche zu benutzen, die wir im Alltag tatsächlich vorfinden. Überall stecken Zahlen, mit denen man spielen kann, ob in Kekspackungen, E-Mails oder an Ampeln. Wir werden sie gemeinsam aufstöbern.

Um eine neue Fertigkeit zu erlangen, ist es meist nicht damit getan, ein Buch zu lesen und ab und an ein bisschen zu üben. Man muss dranbleiben, und das ist für viele das Schwierigste! Machen Sie das Rechnen deshalb zu Ihrem Alltag. Ganz nebenbei, indem Sie sich beispielsweise auf der U-Bahnfahrt vom Hauptbahnhof zum Neumarkt eine Aufgabe ausdenken und sie ausrechnen. Sie könnten z.B. die Nummern der U-Bahnlinien zusammenzählen, die auf dieser Strecke fahren. Oder die Nummernschilder der Autos um Sie herum. Ich selbst trainiere am liebsten, indem ich Preise im Supermarkt addiere. Sie könnten es sich zur Gewohnheit machen, die Rechnung im Restaurant nachzurechnen. Vielleicht helfen Ihnen dabei gleich die Additionsübungen aus dem ersten Kapitel. Los geht's!

6.48 Uhr Guten Morgen! Addieren beim Kaffeekochen

Ich stelle Sie mir vor, wie Sie genau um 6.48 Uhr aufstehen, das ist die durchschnittliche deutsche Aufstehzeit. Natürlich kann es auch sein, dass Sie schon im Zug von München nach Stuttgart sitzen, wo Sie um 9.00 Uhr einen Termin beim Kunden haben. Oder Sie gehören wie ich zu den Glücklichen, die noch schlafen. Egal, es ist ein durchschnittlicher Tag, nehmen wir einen Donnerstag im Januar. Sie hören den leichten Regen draußen, sehen können Sie nichts, denn es ist noch dunkel. 5 Grad sollen es heute werden. Ein Tag, an dem man gar nicht so leicht in die Gänge kommt! Deshalb fangen wir mit dem Addieren an.

Addieren fällt den meisten von Ihnen wahrscheinlich nicht so schwer. Die Zahlen, die wir gleich addieren werden, haben es deshalb in sich, weil es mehrere auf einmal sind. Viele kleine Zahlen, die Sie im Kopf zusammenrechnen sollen. Wie ich finde, eine besonders gute Übung, um zu lernen, wie man sich Zwischenergebnisse merkt. Eine Art Warmmachen, bevor es richtig losgeht. Ein kleines Stretching für unser Gehirn. Die Methode, die ich anwende, entspricht vermutlich nicht den Rechenwegen, die Sie bisher angewandt haben. Ich rechne oft anders, als es in der Schule gelehrt wird. Das ist für Sie am Anfang möglicherweise ungewohnt, aber ich möchte Sie einladen, es mal auszuprobieren. So können Sie auch sehen, wie wir Profis rechnen. So, wie wir nun in kleinen Schritten vorgehen werden, rechnen nämlich die Rechenkünstler. Natürlich mit viel größeren Zahlen und einem ganz anderen Tempo. Diese Methode ist nicht nur schneller als das, was wir in der Schule gelernt haben, sie ist auch sicherer.

Los geht's. Es ist inzwischen 7.05 Uhr und Sie stehen vor der guten alten Kaffeemaschine, weil die teure Espressomaschine in den letzten Tagen den Geist aufgegeben hat. Der Vortag war hektisch, und Sie hatten abends einfach keine Lust mehr, die Kaffeekanne abzuwaschen. Stattdessen haben Sie einfach nur Wasser eingefüllt. Ehe Sie also neuen Kaffee machen, müssen Sie erst mal die Kaffeekanne säubern. Wir rechnen jetzt die Sekunden zusammen, die Sie für diese ersten Schritte brauchen.

Als Erstes muss das Wasser aus der gläsernen Kaffeekanne ausgekippt werden. Sie ziehen die Kanne aus der Maschine (3 Sekunden), laufen zur Spüle hinüber (4 Sekunden) und schütten das Wasser aus (5 Sekunden).

Aus diesen drei Schritten mache ich die erste Aufgabe, die Addition dreier einstelliger Zahlen.

$$3 \text{ Sekunden} + 4 \text{ Sekunden} + 5 \text{ Sekunden} = ?$$

Wahrscheinlich rechnen Sie einfach $3 + 4 + 5 = 12$.

Statt zu addieren können Sie auch multiplizieren, nämlich $3 * 4 = 12$. Das tun Sie natürlich nur, wenn Sie auf einen Blick sehen, dass die 4 von zwei Zahlen umgeben ist, die sich ideal ergänzen, weil der einen eine 1 fehlt, um eine 4 zu sein, während die andere genau eine 1 zu viel hat, um eine 4 zu sein. Statt $3 + 4 + 5$ können Sie

$$(4 - 1) + 4 + (4 + 1)$$
$$= 4 + 4 + 4 = 3 * 4 \text{ rechnen.}$$

Ich nenne das *Addition über Mittelung.*

Bei drei einstelligen Zahlen macht es weder vom Schwierigkeitsgrad noch vom Zeitaufwand her einen Unterschied, ob Sie hier addieren oder multiplizieren, aber es lohnt sich immer zu überlegen, ob noch ein anderer Rechenweg als der offensichtlichste möglich oder sinnvoll ist. Auf diese Weise entwickeln Sie ein Gespür für Mittelungen, und bei größeren Zahlen könnten Sie sich durchaus einen Vorsprung errechnen. Ich benutze diese Methode immer dann, wenn die zu addierenden Zahlen in etwa gleich groß sind.

Nun kann die Kaffeekanne gespült werden. Erst lassen Sie etwas Wasser in die Kanne laufen (5 Sekunden), greifen zum Spülmittel (3 Sekunden) und schütten etwas davon in die Kanne (2 Spritzer je 2 Sekunden). Mit einem Plopp ziehen Sie die Spülbürste mit Saugnapf vom Beckenrand (4 Sekunden). Das Schrubben der Kanne dauert 12 hartnäckige Sekunden, und den Saugnapf wieder auf den Rand des Spülbeckens zu kleben braucht noch mal 4 Sekunden. Dann schütten Sie die Kanne aus (5 Sekunden) und spülen mit klarem Wasser nach (7 Sekunden).

Wie viele Sekunden haben Sie insgesamt gebraucht?

$$5 + 3 + 2 + 2 + 4 + 12 + 4 + 5 + 7 = ?$$

Auch hier können Sie die Zahlen wieder nacheinander addieren oder es über eine Mittelung versuchen. Wenn Sie die zu addierenden Zahlen anschauen, dann sehen Sie möglicherweise automatisch, dass $5 + 3 + 2 = 10$ ergeben, genauso $2 + 4 + 4$. Jetzt bleibt noch $5 + 7 = 12$ und die 12 übrig, so dass insgesamt 2-mal die 10 und 2-mal die 12 addiert werden müssen. Der nächste Schritt ist, zu erkennen, dass Sie auch gleich $4 * 11$ rechnen können:

$$(11 - 1) + (11 - 1) + (11 + 1) + (11 + 1)$$
$$= 11 + 11 + 11 + 11 = 44$$

Diese Vorgehensweise ist ein bisschen so, als würden Sie die Zahlen erst mal in die Hand nehmen, sie ertasten, sie dann auseinandernehmen und neu zusammensetzen. Wenn Sie das mit ganz einfachen Zahlen machen, schärfen Sie Ihren Blick und werden mit der Zeit immer schneller. Auf diese Weise kneten Sie sich Ihr Material so zurecht, dass Sie zügiger und sicherer rechnen können.

Ich selbst mache es so, dass ich von links nach rechts über die Zahlen schaue. Am einfachsten ist es natürlich, direkt nebeneinander liegende Zahlen zusammenzufassen. Wenn das nicht geht, überspringe ich eine Zahl, fasse also beispielsweise die erste und die dritte Zahl zusammen. Wichtig ist dann natürlich, dass Sie sich merken, dass die zweite Zahl noch berücksichtigt werden muss.

Ich koche immer gleich für den ganzen Tag Kaffee und gehe jetzt einfach mal davon aus, dass Sie das auch tun. 11 Sekunden dauert es, die gläserne Kanne bis zur obersten Linie mit Wasser zu füllen. Die Linie darf nicht überschritten werden, sonst wird der Kaffee zu dünn. Sie stehen noch an der Spüle und gehen jetzt zur Kaffeemaschine zurück (4 Sekunden) und öffnen den Wasserbehälter der Maschine (5 Sekunden). Sie gießen das Wasser hinein. Zeit: 14 Sekunden. Dann stellen Sie die Kanne auf die Heizplatte, 6 Sekunden. Wie viele Sekunden brauchen Sie, um den Kaffee aufzusetzen?

$$11 + 4 + 5 + 14 + 6 = ?$$

Schauen sie einfach mal einen Moment auf die Zahlen, bevor Sie rechnen. Sie können sie natürlich wieder ganz einfach von links nach rechts zusammenzählen. Möglicherweise erkennen Sie aber auch, dass Sie eine Abkürzung nehmen können, mit der Sie ein paar Sekunden sparen und sich weniger Zwischenergebnisse merken müssen, bei denen ja immer das Risiko besteht, dass man sie wieder vergisst. Versuchen wir hier also, die Einer zu einem Zehnerbündel zusammenzuziehen.

$$11 + 4 + 5 + 14 + 6$$
$$= (10 + 1) + 4 + 5 + (10 + 4) + 6$$
$$= 10 + (1 + 4 + 5) + 10 + (4 + 6)$$
$$= 10 + 10 + 10 + 10 = 40$$

Wie erkennen Sie am besten, ob Sie aus einer Aufgabe Zehnerbündel machen können? Ich schaue mir dafür immer zuerst die Einerstellen an und prüfe, ob sie sich zu einem vollen Zehner addieren lassen. Das kostet Anfänger Zeit und wirkt zunächst etwas umständlich. Aber versuchen Sie es mal! Mit etwas Routine wird es schneller gehen.

Alternativ können Sie auch gleich die Zwanziger bündeln und $11 + 9 = 20$ und $14 + 6 = 20$ rechnen.

Sehen Sie, wie ich die Zahlen zerlege und sie mir neu zusammensetze, um schneller rechnen zu können? Um Ihren Blick und Ihren Zahlensinn zu schulen, schieben wir eine Aufgabe ein, die das eben Gelernte vertieft.

Addieren Sie:

$$12 + 14 + 17 + 18 + 21 + 24$$

(Machen Sie sich ruhig Notizen, wenn Sie umstellen oder umformen.)

Sie erkennen, dass die ersten beiden Zahlen etwas über 10 und die anderen vier Zahlen in der Nähe von 20 liegen. Hier könnten Sie die 10 und die 20 als Orientierungspunkte nehmen und von diesen aus Ihre Addition aufbauen. Statt $12 + 14$ rechnen Sie $10 + 2$ und $10 + 4$. Statt $17 + 18 + 21 + 24$ rechnen Sie $20 - 3$ und $20 - 2$ und $20 + 1$ und $20 + 4$. Sie erhalten:

$$12 + 14 + 17 + 18 + 21 + 24$$
$$= 10 + 2 + 10 + 4 + 20 - 3 + 20 - 2 + 20 + 1 + 20 + 4$$

Im nächsten Schritt stellen Sie die Zehner vor die Einer:

$$10 + 10 + 20 + 20 + 20 + 20 + 2 + 4 - 3 - 2 + 1 + 4$$

Jetzt fassen Sie zusammen:

$$2 * 10 + 4 * 20 + 2 + 4$$

$(-3 - 2 = -5)$ und $(1 + 4 = 5)$ heben einander auf beziehungsweise addieren sich zu 0, weshalb ich sie beim letzten Schritt gar nicht mehr berücksichtigt habe.

Sie rechnen noch $20 + 80 + 6 = 106$ und sind fertig.

Weiter geht's mit dem Kaffee! Sie nehmen einen Kaffeefilter vom Beistelltisch direkt neben der Kaffeemaschine (5 Sekunden). Sie knicken den Falz des Filters (4 Sekunden) und legen ihn in die dafür vorgesehene Vertiefung in der Kaffeemaschine (13 Sekunden). Auf demselben Beistelltisch steht die Dose mit dem äthiopischen Hochlandkaffee, den Sie sich gestern bei der kleinen Rösterei um die Ecke haben mahlen lassen. Sie öffnen den Schnappverschluss (4 Sekunden). Sechs voll gehäufte Messlöffel kommen in den Filter. Das dauert jedes Mal 4,5 Sekunden. Danach legen Sie den Kaffeemesslöffel wieder in die Dose (6 Sekunden) und klappen den Deckel zu (3 Sekunden). Sie schließen den Wasserbehälter und die Filterkammer der Kaffeemaschine (6 Sekunden) und drücken den Ein-Knopf (2 Sekunden). Mit leisem Zischen setzt sich die Maschine in Gang.

Wie viele Sekunden brauchen Sie für die letzten Schritte der Kaffeezubereitung? Versuchen Sie es wieder mit der Gruppenbildung, d.h. schauen Sie sich, bevor Sie losrechnen, die Zahlen genau an und überlegen Sie, ob Sie jeweils unterschiedliche Zahlen zu mehreren gleichen zusammenfassen können, so dass Sie zum Schluss nur noch multiplizieren müssen.

$$5 + 4 + 13 + 4 + 4,5 + 4,5 + 4,5 + 4,5 + 4,5 + 4,5 + 6 + 3 + 6 + 2 = ?$$

Eine so lange Zahlenreihe einfach von vorne nach hinten aufzuaddieren wäre auf jeden Fall etwas unpraktisch. Zumindest bei den 4,5ern kann man bündeln und jeweils zwei zu einer 9 zusammenfassen.

$$5 + 4 + 13 + 4 + 9 + 9 + 9 + 6 + 3 + 6 + 2$$

Nun stechen die 9er hervor. Das sieht aus wie eine ganze Herde, und man beginnt zu ahnen, dass in dieser Aufgabe noch mehr 9er schlummern könnten. Die ersten beiden Zahlen vorne ergeben nämlich auch schon eine 9 und die vorletzten beiden, die 6 und die 3, ebenfalls.

$$9 + 13 + 4 + 9 + 9 + 9 + 9 + 6 + 2$$

Wenn Sie nun auf den vorderen Teil der Aufgabe schauen, sehen Sie, dass dort nicht nur eine 13 steht, sondern man aus der 9 und der 4 um die 13 herum eine weitere 13 machen kann. Damit nehme ich zwar ein paar Zahlen aus meiner 9er-Gruppe heraus, verringere so aber die Gesamtmenge der Zahlen, mit der ich hantieren muss. Ich fange also eine zweite Gruppe an, die der 13er.

$$13 + 13 + 9 + 9 + 9 + 9 + 6 + 2$$

Die 6 und die 2 hinten ziehe ich zu einer 8 zusammen.

$$13 + 13 + 9 + 9 + 9 + 9 + 8$$
$$= 26 + 36 \ (4 * 9) \ + 8$$
$$= 26 + 44$$

Hier rechnen Sie jetzt erst 20 + 40 und dann 6 + 4 und kommen auf insgesamt 70.

Zum Üben hier eine sehr ähnliche Aufgabe, bei der Sie die Zahlen leicht zusammenfassen können. Probieren Sie es aus.

$$4 + 6 + 6 + 6 + 8 + 7 + 9 + 11 + 13 = ?$$

Ich schlage Ihnen folgende Vorgehensweise vor: Am Anfang sehen Sie drei Sechser. Außerdem finden Sie die Zahlen 4 und 8, die wie zwei Sechser behandelt werden können, so dass wir insgesamt fünf Sechser haben.

$$4 + 6 + 6 + 6 + 8 + 7 + 9 + 11 + 13$$
$$= 6 + 6 + 6 + 6 + 6 + 7 + 9 + 11 + 13$$

Als Nächstes erkennen Sie vielleicht, dass:

$$9 + 11 = (10 - 1) + (10 + 1) = 10 + 10 = 20$$

Und entsprechend stellen Sie fest, dass:

$$7 + 13 = (10 - 3) + (10 + 3) = 10 + 10 = 20$$

So dass wir jetzt insgesamt haben:

$$6 + 6 + 6 + 6 + 6 + 20 + 20$$
$$= 5 * 6 + 2 * 20$$
$$= 30 + 40 = 70$$

Zurück zum Kaffeekochen. Wie lange haben Sie insgesamt gebraucht, um den Kaffee aufzusetzen?

12 Sek. + 44 Sek. + 40 Sek. + 70 Sek. = ? Sekunden

Hier könnten Sie versuchen, ein bisschen schneller zu rechnen, indem Sie Achtzigerbündel bilden.

$$(12 + 70) + 44 + 40 = 80 + 80 + 6 = 166$$

Im Einzelnen rechnen Sie:

$$12 + 70 + 44 + 40$$
$$= 10 + 70 + 2 + 40 + 40 + 4$$
$$= 80 + 80 + 6$$
$$= 2 * 80 + 6 = 166$$

Möglicherweise ist Ihnen die Vorstellung, bei so etwas Beiläufigem wie dem Kaffeekochen die Sekunden zu zählen und daraus eine Rechenaufgabe zu machen, bisher fremd. Sie dürfen sich das nicht so vorstellen, dass ich mit der Stoppuhr dastehe, ich schätze nur. Zu schätzen, wie viele Sekunden ich für eine Tätigkeit brauche, ist so eine Art Hobby von mir. Und meine Schätzungen können natürlich von Ihren Schätzungen oder der Zeit, die Sie tatsächlich brauchen, abweichen. Sekundenschätzen gehört zu meinem eigenen Trainings- und Unterhaltungsprogramm, genauso wie das Ausdenken immer neuer Aufgaben. Wenn es nur nach mir gegangen wäre, kämen in diesem Buch noch viel mehr Zahlen vor. Aber meine Lektorin riet davon ab, mit der Begründung, dass man dann den Wald vor lauter Zahlen nicht mehr sehen könnte.

Mir selbst schien es nämlich noch hochinteressant, dass Sie 10 Standardtassen à 125 Milliliter aufsetzen, dass jeweils 11 bis 12 Gramm Kaffeepulver in einen Messlöffel gehen und dass die 166 Sekunden, die Sie insgesamt brauchen, in etwa $2\frac{3}{4}$ Minuten sind. Natürlich weiß ich auch, dass je nach Härtegrad des Wassers die Zeit, die die Kaffeemaschine pro Standardtasse braucht, etwa 60 bis 90 Sekunden beträgt.

Während Sie den Kaffee aufsetzen, quält sich Ihr Sohn Jonas aus dem Bett und inspiziert den Haufen mit seinen Lieblingsklamotten in der Zimmerecke (11 Sekunden). Die auf einem Stuhl bereitgelegten frischen Sachen ignoriert er. Nach einigem Herumwühlen fischt er zwei verschiedene Socken aus dem Kleiderbündel (23 Sekunden) und beginnt erneut zu suchen. Endlich findet er zwei, die zusammenpassen (42 Sekunden). Seine Jeans findet er schneller (13 Sekunden). Dann zieht er das Unterhemd (14 Sekunden), die Unterhose (23 Sekunden) und einen Pullover in den Farben des FC Barcelona (18 Sekunden) aus dem Haufen. Mit diesen Kleidungsstücken macht er sich auf den Weg ins Bad (14 Sekunden).
Jetzt Sie: Wie viele Sekunden braucht Ihr Sohn, um alle seine Kleidungsstücke aufzusammeln?

$$11 + 23 + 42 + 13 + 14 + 23 + 18 + 14 = ?$$

Immer, wenn Zahlen ähnlich groß sind, gruppiere ich sie nach der Größe. Wenn beispielsweise die Zehnerstellen gleich sind und nur die Einerstellen voneinander abweichen, wie oben, bietet es sich an, die Zahlen mit den gleichen Zehnerstellen zusammenzufassen. Unsere Aufgabe oben sieht dann so aus:

$$(11 + 13 + 14 + 14 + 18) + (23 + 23) + 42$$

Sie sehen, dass ich die Zahlen nur umgruppiert habe. Ich will aus dem vorderen Teil der Zahlen 10er machen, aus dem hinteren 20er. Aus völlig verschiedenen Zahlen mache ich immer die gleiche Zahl. Natürlich erhalte ich dann zusätzlich immer einstellige Zahlen, die ich zu meiner Zehner- oder meiner Zwanzigergruppe hinzuaddieren bzw. davon abziehen muss. Schaut man nur auf die Zehnerstellen, gehört die 18 natürlich zur 11, zur 13 und zu den beiden 14ern dazu, aber ich stelle sie lieber zu den 23ern, weil die 18 schon recht nah an der 20 ist.

$$(11 + 13 + 14 + 14) + (18 + 23 + 23) + 42$$
$$= (10 + 1) + (10 + 3) + (10 + 4) + (10 + 4) + (20 - 2) +$$
$$(20 + 3) + (20 + 3) + (40 + 2)$$
$$= 4 * 10 + 12 + 3 * 20 + 4 + 1 * 40 + 2$$
$$= 40 + 60 + 40 + 12 + 4 + 2$$
$$= 140 + 18 = 158$$

Ich mache das natürlich im Kopf, und darum geht es ja auch in diesem Buch. Am Anfang ist es jedoch bestimmt hilfreich, wenn Sie sich Notizen machen. Sind Sie dann mit dieser Art zu rechnen vertrauter, sollten Sie einmal versuchen, ohne Notizen auszukommen, also auch die Umgruppierungen und Zusammenfassungen im Kopf vorzunehmen. Das ist natürlich immer auch eine Konzentrationsübung, weil Sie den Überblick über Ihre Rechnung behalten müssen.

Wir probieren gleich noch eine Aufgabe. Dieses Mal addieren wir:

$$18 + 22 + 23 + 31 + 33 + 43 + 51 + 53$$

Die ersten drei Zahlen liegen bei 20, die darauffolgenden bei 30 und die letzten beiden bei 50. Deshalb rechnen wir:

$$18 + 22 + 23 + 31 + 33 + 43 + 51 + 53$$
$$= (20 - 2) + (20 + 2) + (20 + 3) + (30 + 1) + (30 + 3) +$$
$$(40 + 3) + (50 + 1) + (50 + 3)$$

Als Nächstes fassen wir gleiche Zehner zusammen und schreiben die Einer dahinter.

$$3 * 20 + 3 + 2 * 30 + 4 + 40 + 3 + 2 * 50 + 4$$

Jetzt können zwei Hunderterbündel gebildet werden, indem $2 * 50$ mit 100 und $2 * 30 + 40$ mit 100 gleichgesetzt werden.

$$3 * 20 + 3 + 2 * 30 + 4 + 40 + 3 + 2 * 50 + 4$$
$$= 3 * 20 + 3 + 100 + 4 + 3 + 100 + 4$$

$4 + 3$ sind jeweils 7 und $3 * 20$ ergibt 60. Wir haben dann:

$$3 * 20 + 3 + 100 + 4 + 3 + 100 + 4$$
$$= 60 + 7 + 7 + 100 + 100$$
$$= 200 + 60 + 14 = 274$$

Am Ende des Kapitels gebe ich Ihnen ein paar Übungsaufgaben mit. Die Lösungen für Übungsaufgaben finden Sie jeweils am Ende des Buches.

1. $3 + 5 + 7 + 11 + 13 + 15 = ?$
2. $2 + 4 + 12 + 14 + 22 + 24 = ?$
3. $46 + 49 + 51 + 97 + 111 + 103 = ?$
4. $26 + 32 + 33 + 78 + 81 + 99 + 102 = ?$
5. $14 + 28 + 31 + 32 + 33 + 69 + 72 + 74 + 111 = ?$

Subtrahieren im Stau

Ihr Sohn ist in der Schule abgeliefert, Sie sitzen im Auto und fahren zur Arbeit. Inzwischen ist es hell und der Regen hat auch aufgehört. Wenn nur dieser Stau nicht wäre! Eigentlich könnten Sie die 4,3 Kilometer lange Strecke um diese Uhrzeit schneller mit dem Fahrrad bewältigen. Allerdings ist die Strecke für Fahrradfahrer sehr gefährlich, weil Fahrradweg und Fußgängerstreifen auf jeder Straßenseite sehr schmal sind und viele Nebenstraßen einmünden.

Ihnen bleiben bis 9.00 Uhr 22 Minuten. Viel später wollen Sie nicht zur Arbeit erscheinen, weil dann die Kernzeit beginnt. Wie komme ich auf 22 Minuten? Ich habe mich einfach gefragt, wie viele Minuten von 8.38 Uhr bis zur nächsten vollen Stunde, 9.00 Uhr, fehlen. Statt 9.00 Uhr hätte ich auch 8.60 Uhr schreiben können, weil eine Stunde 60 Minuten hat. Dann brauche ich nur noch 38 von 60 abzuziehen, um die Anzahl der fehlenden Minuten zu ermitteln. Die meisten von Ihnen werden sagen: »Ist doch klar!«
Sollten Sie jedoch zu denen gehören, die auch bei einfachen Subtraktionen etwas unsicher sind, bietet es sich an, die Subtraktion in zwei Schritte zu zerlegen: Anstatt 60 – 38 könnten Sie entweder

$$60 - 30 - 8 \text{ oder}$$
$$60 - 40 + 2 \text{ rechnen.}$$

Im ersten Fall haben Sie die Subtraktion ziffernweise vollzogen, erst die Zehnerstelle, dann die Einerstelle. Sie rechnen also:

$$60 - 30 = 30 \text{ und dann}$$
$$30 - 8 = 22.$$

Bei der zweiten Möglichkeit haben Sie mit dem nächsthöheren Zehner gerechnet. Damit meine ich die 40, denn sie ist die kleinste Zehnerzahl (Vielfache von 10), die größer als 38 ist. Als Ausgleich haben Sie am Schluss die 2 addiert. Konkret haben Sie zuerst

$$60 - 40 = 20 \text{ und dann}$$
$$20 + 2 = 22 \text{ gerechnet.}$$

Beide Vorgehensweisen sind Vereinfachungen einer etwas schwieriger erscheinenden Subtraktion. Solche Vereinfachungen haben den Vorteil, dass sie geringere Anforderungen an das Gedächtnis stellen.

Mir selbst fällt Addieren immer leichter als Subtrahieren, und ich vermute, dass es vielen von Ihnen ähnlich geht. Eine Aufgabe zu zerlegen bietet sich immer dann an, wenn die Einerstelle der Zahl, mit der man abzieht, größer ist als die Einerstelle der Zahl, von der abgezogen werden soll. Manche finden es vielleicht irritierend (weil umständlich), dass zunächst etwas abgezogen und dann etwas addiert wird. Der entscheidende Vorteil dabei ist aber, dass bei der Addition $20 + 2$ die Zehnerstelle unverändert bleibt. Hier kann mit ein wenig Erfahrung eine beachtliche Schnelligkeit im Rechnen erlangt werden, denn die einzelnen Schritte sind einfach und können sicher ausgeführt werden.

Betrachten wir dagegen die Zerlegung $60 - 30 = 30$ und $30 - 8 = 22$, dann sehen wir, dass durch die zweite Subtraktion ($30 - 8$) beide Ziffern beeinflusst werden: Die Zehnerstelle verringert sich um 1, und die Einerstelle wird um 2 größer. Hier ist ein größerer geistiger Aufwand erforderlich, weil anstatt einer Stelle gleich zwei Stellen verändert werden.

Es ist also 8.38 Uhr und Sie haben nach 280 Metern der insgesamt 4,3 Kilometer langen Strecke von der Schule bis zum Büro die erste Kreuzung erreicht. Was an dieser Strecke, die Sie jeden Tag fahren, wirklich nervt, ist, dass eine grüne Welle nicht drin ist, wenn man sich an die Geschwindigkeitsbegrenzung (50 km/h) hält. Die Ampeln scheinen völlig unabhängig voneinander zu agieren, so als wüsste die nächste nicht, wie die vorherige geschaltet ist.

Gerade (genau um 8.38 Uhr) ist die Ampel auf Rot gesprungen und Sie müssen nun 65 Sekunden warten, bis Sie die Kreuzung passieren können. Auf dem Beifahrersitz liegt die Neue Zürcher Zeitung, vielleicht auch die Berliner Zeitung oder die Passauer Neue Presse, aufgeschlagen auf der Seite Vermischtes. Hier sind einige Artikel mit 100 bis 200 Wörtern wunderbar kurz und eignen sich hervorragend dazu, an einer Ampel gelesen zu werden. Nehmen wir an, Ihr Lesetempo beim schnellen Überfliegen eines solchen Artikels beträgt 5 Wörter pro Sekunde. Der Artikel, der die Zerschlagung eines mexikanischen Drogenkartells beschreibt, besteht aus 130 Wörtern. Ein anderer, der davon berichtet, wie Herzogin Kate ein Waisenhaus besucht, hat 80 Wörter. Sie wollen beide Artikel lesen, sind aber nicht sicher, ob Sie beide in der gleichen Rotphase schaffen. Wie sollten Sie hier rechnen?

Ich würde zunächst festhalten, dass Sie für das Lesen von zehn Wörtern zwei Sekunden brauchen. Dann muss ich für je 10 Wörter einfach nur 2 Sekunden von 65 Sekunden abziehen. Für den ersten Artikel, 130 Wörter, müsste ich 13 * 2 und für den zweiten, 80 Wörter, 8 * 2 Sekunden abziehen. Insgesamt ergibt sich:

$$65 - 13 * 2 - 8 * 2$$
$$= 65 - 26 - 16 = 23$$

Diese Rechnung wirkt aber noch ein wenig umständlich. Man könnte nämlich auch erst die Anzahl der Wörter aus beiden Artikeln zusammenrechnen. Eine Addition ist leichter als eine Subtraktion, und wenn Sie hier erst eine Addition vornehmen, dann folgt nur noch eine Subtraktion statt zwei. Wir rechnen also $130 + 80 = 210$ und kommen auf 210 Wörter. Die Addition war einfach, denn wir brauchten nur in Zehnereinheiten zu rechnen. Die Einerstellen, die jeweils 0 sind, sind unproblematisch.

Danach ziehen wir von 65 zweimal die 21 ab:

$$65 - 2 * 21 = 65 - 42 = 23$$

Weil die Einerstelle der 42 (hier die 2) kleiner ist als die Einerstelle der 65 (hier die 5), ist es sinnvoll, die Subtraktion in $65 - 40 = 25$ und $25 - 2 = 23$ zu zerlegen. In jedem einzelnen Schritt wird nur eine Ziffer des Ergebnisses verändert.

Sie haben also noch 23 Sekunden Zeit, bis die Ampel auf Grün springt.

Ihre Lesegeschwindigkeit kann natürlich variieren, sie hängt auch davon ab, was Sie gerade lesen, in welcher Situation Sie sich befinden oder wie konzentriert Sie sind. Ja, selbst davon, wie groß die Schrift ist. Sie sollten sich also vor einer Ampel nicht allzu sehr in die Lektüre vertiefen, wenn Sie nicht ein Hupkonzert hinter sich riskieren wollen!

Wir probieren eine weitere Aufgabe: 71 − 28 = ?
(Versuchen Sie es bitte zunächst einmal selbst, bevor Sie weiterlesen.)
Weil die Einerstelle der Zahl, von der abgezogen wird (1, Minuend) kleiner ist als die Einerstelle der Zahl, die abgezogen wird (8, Subtrahend), empfehle ich den Weg über die Addition: Zunächst rechne ich 71 − 30 = 41 und dann 41 + 2 = 43. Statt 71 − 28 rechne ich 71 − 30 + 2.

Ein weiteres Beispiel. Rechnen Sie 77 − 43.
Weil die Einerstelle des Minuenden (7) größer ist als die Einerstelle des Subtrahenden (3), gehe ich hier nicht über die Addition. Stattdessen ziehe ich in zwei Schritten ab: Ich rechne 77 − 40 = 37 und anschließend 37 − 3 = 34. Mit anderen Worten, ich habe die Aufgabe 77 − 43 in die Form 77 − 40 − 3 umgeändert.

Die Ampel springt auf Grün und weiter geht's. Dummerweise haben sich von rechts weitere Autos in Ihre Spur eingefädelt, so dass Sie kaum vorwärtskommen. Es ist genau 8.41 Uhr. Seit 8:39:05, also 65 Sekunden nach 8.38 Uhr, sind Sie wieder in Bewegung. Nur 60 Meter trennen Sie jetzt von der zweiten Ampel. Noch ist die Ampel grün und Sie schätzen, dass sie weitere 31 Sekunden grün sein wird. Vor Ihnen sind noch acht Autos. Alle dreieinhalb Sekunden fährt eins von ihnen über die Ampel.
Nun sind Sie dran! Angenommen, der Verkehr fließt im gleichen Tempo weiter, schaffen Sie es noch, in dieser Grünphase durchzukommen?

Wie müssen wir rechnen? Am Anfang steht die 31, für die verbleibenden 31 Sekunden. Dann müssen für jedes Auto 3,5 Sekunden abgezogen werden, weil mit jedem weiteren Auto die »Rest-Grün-Zeit« weniger wird. Die Frage, ob Sie noch bei Grün durchkommen, können Sie beantworten, indem Sie die »Rest-Grün-Zeit« nach acht Autos berechnen. Nämlich:

$$31 - 3,5 - 3,5 - 3,5 - 3,5 - 3,5 - 3,5 - 3,5 - 3,5$$

Diese Rechnung sieht abschreckend und sehr umständlich aus. Deshalb empfehle ich hier eine Zusammenfassung von zwei 3,5ern zu jeweils einer 7. Dann haben wir:

$$31 - 7 - 7 - 7 - 7 \text{ oder}$$
$$31 - 4 * 7 \text{ oder}$$
$$31 - 28 = 31 - 30 + 2 = 1 + 2 = 3$$

Das Ergebnis ist mit 3 Sekunden »Rest-Grün-Zeit« günstig, weil Sie gerade noch bei Grün durchfahren können. Der Wagen hinter Ihnen wird es wohl nicht mehr schaffen.

Jetzt probieren wir noch eine weitere Aufgabe zum Üben:

$$111 - 5 - 7 - 11 - 19 - 21$$

Hier bieten sich mehrere Vorgehensweisen an. Eine Möglichkeit ist, dass wir die fünf Subtrahenden zusammenfassen, indem wir sie addieren und das Ergebnis in einem weiteren Schritt vom Minuenden abziehen. Wir rechnen:

$$5 + 7 + 11 + 19 + 21$$
$$= 12 + 11 + 19 + 21$$

Hier haben wir 5 und 7 zusammengefasst. Dann sortieren wir nach Größe, wobei die ersten beiden Summanden bei 10 und die letzten beiden bei 20 liegen.

$$12 + 11 + 19 + 21$$
$$= (10 + 2) + (10 + 1) + (20 - 1) + (20 + 1)$$

Wir stellen die Zehner vor die Einer und erhalten:

$$= 10 + 10 + 20 + 20 + 2 + 1 - 1 + 1$$

Jetzt fassen wir die ersten beiden Zehner zu einer 20 zusammen:

$$= 20 + 20 + 20 + 2 + 1 - 1 + 1$$

Zum Schluss ergibt sich:

$$= 3 * 20 + 3 = 60 + 3 = 63$$

Zur Vollendung der Subtraktion brauchen wir nur noch 111 − 63 zu rechnen: Ich empfehle, zuerst 70 abzuziehen und dann 7 zu addieren.

$$111 - 63$$
$$= 111 - 70 + 7$$

Denn die Einerstelle des Subtrahenden (3) ist größer als die Einerstelle des Minuenden (1).

$$111 - 70 = 41 \text{ und } 41 + 7 = 48$$

Bei dieser Art zu rechnen gibt es meistens mehrere Vorgehensweisen. So auch für unsere Aufgabe eben. Deshalb möchte ich Ihnen noch einen Lösungsweg vorstellen, der mir eleganter erscheint. Mit elegant meine ich eine geschicktere Art der Zusammenfassung, mit der man schneller zum Ziel kommt. Allerdings braucht man etwas Erfahrung, um diesen Rechenweg zu entdecken. Vielleicht haben Sie aber auch gleich gesehen, dass in der Aufgabe $111 - 5 - 7 - 11 - 19 - 21$ ein Subtrahend, die 11, genauso endet wie der Minuend, die 111. Deshalb würde ich die 11 zuerst von der 111 abziehen. Wir erhalten:

$$111 - 11 = 100$$

Möglicherweise haben Sie schon festgestellt, dass sich die Zahlen 19 und 21 zu 40 addieren. Die anschließende Subtraktion $100 - 40 = 60$ ist besonders einfach. Zum Schluss müssen nur noch die Subtrahenden 5 und 7 abgezogen werden. Hier würde ich 5 und 7 zu 12 zusammenfassen und $60 - 12$ rechnen. Bei dieser Aufgabe können Sie entweder zuerst 20 abziehen und 8 addieren

$$60 - 12 = 60 - 20 + 8 = 40 + 8 = 48$$

oder zuerst 10 und dann 2 abziehen

$$60 - 12 = 60 - 10 - 2 = 50 - 2 = 48$$

Die Variante »$-20 + 8$« ist uns vertraut, weil die Einerstelle des Subtrahenden (2) größer ist als die Einerstelle des Minuenden (0). Die Variante »$-10 - 2$« hat aber auch ihren Reiz, weil der Minuend ein voller Zehner ist und $60 - 10 = 50$ besonders leicht auszurechnen ist. Der gerade beschriebene Weg stellt etwas höhere Anforderungen an Sie, weil Sie vor Beginn der eigentlichen Subtraktion zuerst nach Mustern Ausschau halten, die helfen, die Subtraktion zu vereinfachen. Ich spreche hier von einer Art *Rechenplanung*. Die Planung eines eleganten Rechenweges ist lohnend, weil dadurch viele zunächst schwierig erscheinende Aufgaben einfacher handhabbar werden. Ich werde in den folgenden Kapiteln immer wieder darauf zurückkommen. So eine Planung setzt Erfahrung voraus, die erst nach und nach entsteht.

Deshalb rechnen wir gleich noch eine Aufgabe, bevor es an die Übungen geht.

$$114 - 7 - 7 - 10 - 21 - 12$$

Diese Aufgabe kann man über Zusammenfassen und über Addition lösen. Ich würde zuerst die beiden 7er zu einer 14 zusammenfassen.

$$114 - 14 - 10 - 21 - 12$$

Dann kann ich besonders leicht 14 von 114 abziehen. Das ergibt 100.

$$100 - 10 - 21 - 12$$

Als Nächstes ziehe ich von 100 die 10 ab: $100 - 10 = 90$. Das ist besonders einfach, weil mit den Einerstellen nichts passiert.

$$90 - 21 - 12$$

Als Nächstes addiere ich $21 + 12$. Ich rechne $21 + 10 + 2 = 31 + 2 = 33$.

$$90 - 33$$

Zum Schluss muss ich von 90 noch 33 abziehen. Ich rechne $90 - 33 = 90 - 40 + 7$. Die Einerstelle des Minuenden (0) ist kleiner als die Einerstelle des Subtrahenden (3). $90 - 40$ ergibt 50 und $50 + 7 = 57$ und wir sind fertig.

Zur Übung stelle ich Ihnen hier noch ein paar Subtraktions-
aufgaben. Versuchen Sie, nicht nur nach einem Rechenweg vorzugehen.

1. 98 – 12 – 14 – 15 = ?
2. 77 – 11 – 22 – 34 = ?
3. 125 – 23 – 34 – 41 = ?
4. 132 – 23 – 33 – 43 = ?
5. 154 – 22 – 37 – 51 = ?

E-Mails checken: Addition und Subtraktion gemischt

Sie mussten mal wieder mit dem Parkplatz vorlieb nehmen, der am weitesten vom Eingang entfernt ist. Anscheinend wimmelt es in Ihrer Firma nur so von Frühaufstehern. Jetzt stellen Sie Ihre Tasche auf dem Stuhl neben Ihrem Schreibtisch ab, schalten den Rechner ein und gehen sich, während er hochfährt, erst mal einen Kaffee holen.

52 neue Mails meldet Ihr Outlook! Sie fangen an, die ganze Werbung zu löschen. Die IT-Abteilung scheint Probleme mit dem Spamfilter zu haben. Sie machen sich innerlich darauf gefasst, dass in den nächsten Tagen die Mails selbst Ihrer besten Kunden im Filter hangenbleiben werden. So ist es immer, wenn dort etwas verstellt wird.

In der nächsten Aufgabe kommen sowohl Addition wie auch Subtraktion vor, und ich werde Ihnen zeigen, wie ich Aufgaben dieses Typs löse. Natürlich weiß ich nicht, wie Sie Ihre E-Mails sortieren. Nach Projekten vielleicht? Nach Kunden? Oder wie ich einfach chronologisch, also gar nicht? Egal, ich nehme einfach mal an, dass Sie zwei Hauptordner haben, einen für Privates und einen für Geschäftliches.

Sobald Sie die neuen Mails in die beiden Ordner gelegt haben, befinden sich im privaten Ordner 14 und in Ihrem Business-Ordner 22 E-Mails. Darunter befinden sich auch 4 private und 7 geschäftliche Mails vom Vortag. Sie beschließen, sich bei der IT-Abteilung zu beschweren, schließlich vergeuden Sie Ihre Zeit, wenn Sie solche Mengen an Spam-Mails löschen müssen. Dafür möchten Sie wissen, wie viele der 52 Mails, die Sie in Ihrem Posteingang hatten, Werbemails waren. Und weil Sie nach Löschen des Spam sofort den Papierkorb geleert haben, müssen Sie nun überlegen, wie Sie die Zahl herausfinden.

Wir stellen zunächst die Gesamtzahl der Mails von gestern und dann die Gesamtzahl von heute fest: Gestern waren $4 + 7 = 11$ Mails übriggeblieben. Heute kamen 52 dazu, so dass wir auf

$$11 + 52$$
$$= 10 + 1 + 50 + 2$$
$$= 60 + 3 = 63 \text{ Mails kommen.}$$

Ich zerlege die Zahlen wieder in Einer und Zehner, so lässt es sich leichter rechnen. Zumindest geht es mir so. Weiter hinten werde ich diesen Zwischenschritt dann weglassen, weil Sie dann genügend Routine haben.

Der nächste Schritt besteht darin, von der Gesamtzahl aller Mails, also der 63, die Anzahl der Nicht-Werbemails einfach abzuziehen. Was übrig bleibt, ist die Anzahl der Werbemails. Die Anzahl der Nicht-Werbemails gleicht der Summe der Business-Mails und der privaten Mails.

Wir rechnen:

$$22 + 14$$
$$= 20 + 2 + 10 + 4$$
$$= 30 + 6 = 36$$

Sie sehen, dass ich die Einer und Zehner auseinandergenommen habe und sie dann auch getrennt addiere. Um dann die

Nicht-Werbemails von der Gesamtzahl der Mails abzuziehen, rechnen wir:

$$63 - 36$$
$$= 63 - 40 + 4$$
$$= 23 + 4 = 27$$

27, das ist eindeutig zu viel, formulieren Sie in Ihrer Mail an die Jungs von der IT.

Zusammengefasst sieht die Aufgabe, die wir gerade gelöst haben, so aus:

$$4 + 7 + 52 - (22 + 14)$$
$$= 63 - 36 = 27$$

»Warum macht der nur immer diese Textaufgaben«, fragt sich der eine oder andere von Ihnen jetzt vielleicht. »Die konnte doch schon in der Schule niemand leiden. Und das ist ja eigentlich eine total leichte Aufgabe, vergraben in einem Haufen von Informationen.« Zugegeben, so ist es. Bei Textaufgaben gibt es immer einen Schritt vor dem eigentlichen Rechnen. Sie müssen nämlich die Informationen sichten und sortieren und entscheiden, was in Ihre Aufgabe gehört. Ich sehe das als Konzentrationsübung und als angenehmes Tüfteln. Die meisten Rechenaufgaben, die uns im Alltag begegnen, sind ja auch in einer Aufgabenstellung versteckt. Selten werden uns gleich die nackten Zahlen präsentiert. Um fit im Kopf zu sein, muss man deshalb auch in der Lage sein, sich seine Informationen zurechtzulegen.

Bevor Sie gleich in Ihre 10-Uhr-Besprechung gehen, möchte ich das kombinierte Addieren und Subtrahieren noch etwas vertiefen:

Rechnen Sie:

$$23 - 15 + 53 - 26 + 3 - 6 = ?$$

Ich empfehle folgenden Weg, der mir besonders einfach erscheint. Zunächst fassen wir alle Plus-Zahlen und alle Minus-Zahlen zusammen: 23, 53 und 3 sind die Plus-Zahlen und 15, 26 und 6 die Minus-Zahlen. Dann addieren wir zunächst die Plus-Zahlen und im nächsten Schritt die Minus-Zahlen. Zuerst rechnen wir:

$$23 + 53 + 3$$
$$= 20 + 3 + 50 + 3 + 3$$
$$= 70 + 9 = 79$$

Dann addieren wir die Minus-Zahlen:

$$15 + 26 + 6$$
$$= 10 + 5 + 20 + 6 + 6$$
$$= 30 + 17 = 47$$

Zum Schluss ziehen wir von der Summe der Plus-Zahlen (79) die Summe der Minus-Zahlen (47) ab.

$$79 - 47$$
$$= 79 - 40 - 7$$
$$= 39 - 7 = 32$$

Wenn Sie sich noch einmal anschauen, was wir oben gemacht haben, werden Sie feststellen, dass wir fast nur addiert haben. Nur zum Schluss mussten wir subtrahieren. Diese Vorgehensweise nutzt den Vorteil, dass Additionen generell einfacher sind als Subtraktionen. Letztere sind meines Erachtens irrtumsanfälliger.

Rechnen wir noch eine Aufgabe.

$$44 + 41 - 53 - 67 + 81 - 23 = ?$$

Ich empfehle wieder meine 3-Schritt-Lösung:
Zunächst fassen wir im ersten Schritt jeweils die Plus- und die Minus-Zahlen zusammen: 44, 41 und 81 sind die Plus-Zahlen und 53, 67 und 23 die Minus-Zahlen.
Im zweiten Schritt addieren wir zunächst die Plus-Zahlen und dann die Minus-Zahlen: Zuerst rechnen wir:

$$44 + 41 + 81$$
$$= 40 + 4 + 40 + 1 + 80 + 1$$
$$= 80 + 80 + 6 = 166$$

und gewinnen die Summe der Plus-Zahlen. Dann rechnen wir:

$$53 + 67 + 23$$
$$= 50 + 3 + 60 + 7 + 20 + 3$$
$$= 130 + 10 + 3$$
$$= 140 + 3 = 143$$

und finden die Summe der Minus-Zahlen.
Zum Schluss ziehen wir im dritten Schritt von der Summe der Plus-Zahlen (166) die Summe der Minus-Zahlen (143) ab:

$$166 - 143$$

Hier wäre mein Tipp, beide Zahlen um 100 zu verringern. Der Minuend wird von 166 auf 66 und der Subtrahend von 143 auf 43 verkleinert. Statt $166 - 143$ dürfen wir $66 - 43$ rechnen.

$$66 - 43$$
$$= 66 - 40 - 3$$
$$= 26 - 3 = 23$$

Wir rechnen noch eine gemeinsame Aufgabe.

$$77 + 68 - 64 - 78 + 34 - 25 = ?$$

Eine Möglichkeit ist die Addition der Plus-Zahlen 77, 68 und 34 und anschließend die Addition der Minus-Zahlen 64, 78 und 25. Die Plus-Zahlen ergeben

$$77 + 68 + 34$$
$$= 70 + 7 + 60 + 8 + 30 + 4$$
$$= 100 + 60 + 15 + 4$$
$$= 160 + 19 = 179$$

Die Minus-Zahlen ergeben

$$64 + 78 + 25$$
$$= 60 + 4 + 70 + 8 + 20 + 5$$
$$= 150 + 17 = 167$$

Die Summe der Minus-Zahlen (167) wird von der Summe der Plus-Zahlen (179) abgezogen.

$$179 - 167$$
$$= 79 - 67$$
$$= 79 - 60 - 7$$
$$= 19 - 7 = 12$$

und wir sind am Ziel.

Elegant könnte auch die Zusammenfassung ähnlich großer Zahlen sein: die Plus-Zahl 77 kann mit der Minus-Zahl 78 direkt zu –1 zusammengefasst werden. Genauso kann die Plus-Zahl 68 mit der Minus-Zahl 64 direkt zu 4 zusammengefasst werden. Am Schluss können die Plus-Zahl 34 und die Minus-Zahl 25 zu 9 zusammengefasst werden. Damit könnten wir die Aufgabe deutlich vereinfachen.

$$77 + 68 - 64 - 78 + 34 - 25$$
$$= (77 - 78) + (68 - 64) + (34 - 25)$$
$$= -1 + 4 + 9 = 12$$

Vielleicht versuchen Sie jetzt mal, die folgenden Übungsaufgaben nur im Kopf zu rechnen. Also erst die Plus-Zahlen zusammenrechnen und sich das Ergebnis im Kopf merken. Dann die Minus-Zahlen zusammenzählen und von der Plus-Zahl-Summe abziehen, sofern Sie sich diese merken konnten, während Sie weitergerechnet haben.

1. $56 - 45 + 34 - 23 + 12 - 1 = ?$
2. $67 + 23 + 66 - 52 - 57 - 31 = ?$
3. $22 + 44 + 66 - 55 - 33 - 11 = ?$
4. $34 + 71 + 65 - 46 - 33 - 61 = ?$
5. $65 - 45 + 67 - 33 + 85 - 63 = ?$

9.50 Uhr Größere Zahlen addieren beim Tagträumen

Noch zehn Minuten bis zur Besprechung. Wie so oft möchte Ihr Chef über den Stand der laufenden Projekte informiert werden. Wird man die Pläne hinsichtlich Zeit und Kosten einhalten können? Wo ist mit Überschreitungen zu rechnen? Und wie steht es um den Umbau in der Schlossstraße, der schon jetzt so furchtbar hinterherhinkt? Und zum Schluss wird es wieder zu Ihrer Lieblingsdiskussion kommen: Was lernen wir aus unseren Fehlern, und wie können wir es zukünftig besser machen?

Genau der richtige Moment, um noch ein bisschen die Addition größerer Zahlen zu üben. Der Stapel mit Ihren Unterlagen liegt vor Ihnen. Sie nehmen den letzten Schluck Kaffee und blicken hinaus in das nieselige Grau. Vielleicht schließen Sie einen Moment die Augen und denken an die Karibik-Kreuzfahrt, die Sie kurz nach Weihnachten gemacht haben?

Stellen Sie sich vor, wie Sie alle Decks ablaufen, um herauszufinden, wie viele Kabinen es gibt. Auf dem Verdi-Deck geht es los. Hier befinden sich 103 Kabinen. Dann folgen 149 auf dem Rossini-Deck, 128 auf dem Bellini-Deck, 42 auf dem Puccini-Deck, 17 auf dem Donizetti-Deck und zum Schluss 9 auf dem Monteverdi-Deck. Die Gesamtzahl der Kabinen lässt sich durch eine einfache Addition ermitteln. Darin haben Sie schon einige Übung. Nun wollen wir aber ziffernweise vorgehen, indem wir von rechts beginnend mit den Einerstellen uns nach links zu den Zehnerstellen und Hunderterstellen vorarbeiten: Dafür schreiben wir zuerst die zu addierenden Zahlen untereinander auf:

```
103
149
128
 42
 17
  9
```

Addieren wir von oben nach unten alle Einerstellen 3 + 9 + 8 + 2 + 7 + 9, ergibt sich als Summe 38. Die 8 der 38 ist die Einerstelle der Lösung und die 3 der 38 der Übertrag für die Zehnerstellen. Mit dem Übertrag 3 beginnend addieren wir die Zehnerstellen: 3 + 0 + 4 + 2 + 4 + 1 und erhalten als Summe 14. Die 4 der 14 ist die Zehnerstelle der Lösung und die 1 der 14 der Übertrag für die Hunderterstellen. Mit dem Übertrag 1 beginnend addieren wir die Hunderterstellen: 1 + 1 + 1 + 1 und erhalten 4 als Summe. Die 4 ist die Hunderterstelle der Lösung. Damit sind wir fertig. Die Gesamtlösung lautet 448.

Geheimtipp: Wie Sie gesehen haben, waren die zu addierenden Zahlen unterschiedlich lang. Es gab drei dreistellige, zwei zweistellige und eine einstellige Zahl. Für uns ist das aber kein Problem, weil nicht vorhandene Stellen oder Ziffern einfach wie Nullen behandelt werden können. Die Aufgabe:

```
103
149
128
042
017
009
───
  ?
```

hat genauso die Lösung 448.

Eine Aufgabe wie die gerade gelöste können Sie recht einfach im Kopf berechnen, wenn die zu addierenden Zahlen schriftlich vorliegen. Es genügt vollkommen, wenn Sie sich nur die Lösungsziffern merken, also die Einerstelle 8, die Zehnerstelle 4 und zum Schluss die Hunderterstelle. Schwieriger ist es, wenn Sie die Zahlen nicht aufgeschrieben vor sich sehen, sondern sie nur zu hören bekommen. Für die meisten ist das sogar sehr schwer!

In so einem Fall ist es günstiger, die Zahlen schrittweise zu einem Zwischenergebnis zu addieren: 103 + 149 liefert das Zwischenergebnis 252. 252 + 128 das neue Zwischenergebnis 380 usw. Die Herausforderung besteht darin, sich immer neue Zwischenergebnisse zu merken. Dazu müssen die alten Zwischenergebnisse »überschrieben«, also vergessen werden. Das kann zu Irritationen führen, weil manchmal anstatt eines aktuellen Zwischenergebnisses ein »überschriebenes« erinnert wird – und schon ist die Rechnung falsch! Erschwerend kommt hinzu, dass Sie die zu addierenden Zahlen nicht umstellen können, weil Sie sie nicht vor sich sehen. Das, was wir in den ersten Kapiteln gemacht haben, also das Umstellen und Zurechtlegen der Zahlen fällt dann weg. Ihnen bleibt nichts anderes übrig, als die Zahlen so zu nehmen, wie sie geliefert werden, und eine Zahl zur nächsten zu addieren.

Die nächste Aufgabe soll auf die gleiche Weise ausgerechnet werden, nur kommen größere Zahlen vor. Sie lassen die Route Ihrer Kreuzfahrt noch einmal Revue passieren und überlegen, wie viele Seemeilen Sie insgesamt zurückgelegt haben. Folgende Angaben liegen vor:

Hamburg bis Funchal (Madeira):	1 817 sm
Funchal (Madeira) bis Bridgetown (Barbados)	2 644 sm
Bridgetown (Barbados) bis Scarborough (Tobago)	144 sm
Scarborough (Tobago) bis Port of Spain (Trinidad)	95 sm
Port of Spain (Trinidad) bis El Guamache (Venezuela)	165 sm
El Guamache (Venezuela) bis Willemstad (Curaçao)	304 sm
Willemstad (Curaçao) bis San Blas Inseln (Panama)	649 sm
San Blas Inseln (Panama) bis Panama-Kanal	83 sm
Panama-Kanal bis Puntarenas (Costa Rica)	483 sm
Puntarenas (Costa Rica) bis Puerto Quetzal (Guatemala)	479 sm
Puerto Quetzal (Guatemala) bis Acapulco (Mexiko)	574 sm

Addieren wir von oben nach unten alle Einerstellen: 7 + 4 + 4 + 5 + 5 + 4 + 9 + 3 + 3 + 9 + 4, ergibt sich 57 als Summe. Die 7 der 57 ist die Einerstelle der Lösung und die 5 der 57 der Übertrag für die Zehnerstellen. Mit dem Übertrag 5 beginnend addieren wir die Zehnerstellen: 5 + 1 + 4 + 4 + 9 + 6 + 0 + 4 + 8 + 8 + 7 + 7 und erhalten 63 als Summe. Die 3 der 63 ist die Zehnerstelle der Lösung und die 6 der 63 der Übertrag für die Hunderterstellen. Mit dem Übertrag 6 beginnend addieren wir die Hunderterstellen (falls vorhanden) 6 + 8 + 6 + 1 + 1 + 3 + 6 + 4 + 4 + 5 und erhalten 44 als Summe. Die 4 der 44 ist die Hunderterstelle der Lösung. Die andere 4 ist der Übertrag für die Tausenderstellen. Zum Schluss addieren wir mit dem Übertrag 4 beginnend die Tausenderstellen (falls vorhanden) 4 + 1 + 2 und erhalten 7 als Tausenderstelle der Lösung. Damit sind wir fertig. Die Gesamtlösung lautet 7 437.

Ziehen wir Bilanz: Diese Rechnung war zwar etwas langwieriger, aber kaum schwieriger als die vorhergehende. Weiterhin mussten einstellige Zahlen zu ein- oder zweistelligen Zwischensummen addiert werden. Automatisch sind wir von der Einer- über die Zehner- und Hunderterspalte zur Tausenderspalte gelangt. Hätten wir allerdings die zu summierenden Zahlen nicht vor Augen gehabt, hätten wir wiederum die bis zu vierstelligen Zahlen Stück für Stück im Kopf addieren müssen. Das ist eine ziemlich große Herausforderung. Es kann trotzdem nicht schaden, die Additionsfertigkeiten zu schulen, indem Sie zunächst zwei-, später auch drei- oder vierstellige Zahlen im Kopf addieren. Der Vorteil besteht darin, dass Sie dann irgendwann auch größere Zahlen im Kopf multiplizieren können und von einer allgemein verbesserten Gedächtnisleistung profitieren.

In den nächsten Kapiteln beschäftigen wir uns mit der Multiplikation zweier zweistelliger Zahlen. Da wird es Ihnen sofort zugute kommen, wenn Sie im Kopf addieren können.

Gleich folgen wieder einige Übungsaufgaben. Fangen Sie mit der oben beschriebenen Spaltenmethode an. Zuerst die Einer, dann die Zehner und so weiter. Vergessen Sie die Überträge nicht und achten Sie darauf, sie direkt am Anfang zu verrechnen, damit Sie sie nicht lange im Kopf behalten müssen.

Mit ein wenig Praxis können Sie versuchen, die mehrstellige Lösung halb im Kopf zu ermitteln, indem Sie das Ergebnis nicht aufschreiben, sondern einfach nur sagen und sich die ermittelten Ziffern, also die Ergebnisstellen, merken. In den obigen beiden Fällen, in denen Sie die zu addierenden Zahlen sehen konnten, hätten Sie einfach die Lösungen 448 und 7 437 genannt.

Noch schwieriger ist es, sich die Zahlen vorlesen zu lassen und diese dann im Kopf zu addieren. Als ich einmal bei einer Fernsehsendung zu Gast war, hatte es im Vorgespräch geheißen, ich solle nach dem Gespräch doch noch ein paar Zahlen im Kopf addieren. Genauer gesagt, ich sollte die Preise in einem Einkaufskorb zusammenzählen. Kein Problem, dachte ich mir. Dann ratterte die Moderatorin zu meiner Verblüffung aber vor laufender Kamera eine ganze Reihe von Zahlen herunter. Nicht ein paar, wie ich vermutet hatte, sondern etwa 20 Preise, sehr schnell hintereinander. Mitten in der Addition geriet ich ins Stocken und musste mir das eine oder andere Zwischenergebnis mit den Fingern in die Luft schreiben. Diese Fingerakrobatik bewahrte mich vor einem falschen Ergebnis. Glück gehabt! Das »In-die-Luft-schreiben« wirkt, als würde man die Zwischenergebnisse aufschreiben, und die Gesamtaddition wird dadurch ein wenig leichter. Probieren Sie es ruhig auch mal.

Noch gemeiner kann es werden, wenn Additionen und Subtraktionen vermischt auftreten, aber die Hauptregel ist immer: Richtigkeit vor Schnelligkeit. Nehmen Sie sich Zeit und rechnen Sie in Ruhe. Es darf kein Stress entstehen, die Übungen sollen schließlich Spaß machen.

 Addieren Sie mit der Spaltenmethode

1. 1 317
    715
    592
     81
   ????

2. 2 472
     34
   298
1 182
3 867
————
 ????

3. 63 823
   256
27 932
49 231
 7 923
12 118
————
??????

Addieren Sie halb im Kopf

4. 45
87
44
———
???

5. 231
367
832
391
———
????

6. Und eine Aufgabe für die schon ganz Fitten

9 351
8 212
6 923
  961
―――――
?????

Lassen Sie sich diese Zahlen vorlesen und versuchen Sie die Summe im Kopf auszurechnen.

7. 23
45
81
―――
???

8. 193
 45
811
―――
????

Und noch eine etwas schwierigere Aufgabe. Lassen Sie sich nicht entmutigen, wenn es nicht gleich klappt.

9. 6 622
9 911
5 543
―――――
?????

Addition und Subtraktion vermischt im Kopf

10. $83 - 34 - 22 + 27 = ?$
11. $293 - 56 + 133 - 7 + 211 = ?$
12. $911 + 811 - 267 + 11 - 662 - 23 + 1177 = ?$

10.13 Uhr **Multiplizieren bis 15 * 15: Fingermathematik im Meeting**

Sie sind mitten drin im Meeting, und alles ist wie immer. Warum gründet nicht mal jemand eine Partei, um die Kaffeesahne abzuschaffen? Alle scheinen zu glauben, dass Kaffeesahne zum Besprechungskaffee gehört, obwohl außerhalb eines Meetings niemand auf die Idee käme, Kaffeesahne zu verwenden, oder? Wenigstens konnten Sie sich strategisch günstig ganz in die Nähe eines Kekstellers setzen. Wie immer ist der Anteil der Kekse mit Schokolade schon bedrohlich zusammengeschrumpft. Auch das wollten Sie immer schon mal machen: an die Keksfabrik schreiben und darum bitten, dass aus ihrer Großpackung mit den Standardbürokeksen alle Kekse ohne Schokoladenüberzug herausgenommen werden. Die bleiben nämlich immer übrig, egal, wo man gerade zur Besprechung ist.

Der Kollege Bauleiter macht sich schon wieder wichtig und brüstet sich seit mindestens fünf Minuten damit, wie er im Alleingang ein Projekt gerettet hat, das den Bach runterzugehen drohte. Der Jungarchitekt schaut ihn mit offenem Mund an, während Ihr Chef ungeduldig mit den Fingern auf den Tisch trommelt und sein Teilhaber auf sein Smartphone starrt.

Wir haben bisher noch nicht über Ihren Beruf geredet. Sie sind Architektin oder Architekt in einem Architekturbüro mit insgesamt zehn Mitarbeitern. Warum ich diesen Beruf für Sie gewählt habe? Weil mich das Bauen schon immer fasziniert hat. Ich habe drei Fächer studiert, und zwar Informatik, Heilpädagogik und Psychologie. Wenn ich noch mal studieren könnte, dann würde ich Architektur wählen, schon weil es in der Welt der Architektur überall aufregende Zahlen gibt. Die Zahlen sind Ihnen als Architekt oder Architektin also nicht komplett fremd, aber Ihre Kopfrechenfähigkeiten sind noch ausbaufähig.

Aber zurück zum Meeting. Es ist höchste Zeit, dass Sie sich ein wenig ablenken! Und das tun Sie, indem Sie die Fingermathematik rekapitulieren (weil Sie sie vielleicht schon aus meinem ersten Buch kennen) oder neu kennenlernen. Die Fingermathematik ist eine Methode, mit der sich ein- oder zweistellige Zahlen ganz einfach multiplizieren lassen. In *Rechnen mit dem Weltmeister* habe ich sie bis zum Umfang $15 * 15$ vorgestellt und wiederhole das in diesem Kapitel noch einmal, bevor wir mit größeren Zahlen weitermachen. Wer also mein letztes Buch gelesen hat und schon recht gut in der Fingermathematik ist, der kann an dieser Stelle aussteigen und zum nächsten Kapitel vorblättern.
Der Grund, warum ich der Fingermathematik auch hier wieder so viel Raum gebe, ist, dass sie ein regelrechtes Zaubermittel ist. Ich beobachte immer wieder, wie sie bei Menschen wirkt, die im Multiplizieren ganz schwach waren und nun auf einmal keinerlei Probleme mehr damit haben. Beispielsweise konnte ich schwachen Mathe-Schülern die Technik in etwa 20 Minuten vermitteln. Heute können diese Schüler schwierige Multiplikationen wie $13 * 14$ oder $23 * 23$ sogar ohne Hände und sekundenschnell im Kopf rechnen. Die Wirkung der Fingermathematik rührt daher, dass sie die zu multiplizierenden Zahlen sehr anschaulich darstellt.
Ich selbst habe diese Methode ursprünglich für hochbegabte Kindergartenkinder entwickelt, kann aber nicht mehr sagen,

wie ich eigentlich darauf gestoßen bin. Vielleicht hat die Fingermathematik irgendwo schon immer existiert, und ich habe sie dann nur für mich entdeckt.

Es gibt noch einen Grund, warum ich die Fingermathematik hier wieder verwende: Multiplizieren ist meine Lieblingsgrundrechenart. Addieren gefällt mir auch ganz gut, aber beim Multiplizieren kann man sich einen größeren Zahlenraum erschließen, während man beim Addieren irgendwie immer vor seiner eigenen Haustür herumrechnet. Subtrahieren und Dividieren sind aus meiner Sicht fehleranfälliger und machen weniger Spaß. Hier passiert es auch mir immer mal wieder, dass ich mich vertue.

Um mit der Fingermathematik zu multiplizieren, müssen Sie fast keine Vorkenntnisse mitbringen – außer dem kleinen $5 * 5$. Daran werden sich die meisten wohl noch erinnern. Falls nicht: Es ist nicht sehr viel, was wirklich auswendig gelernt werden muss.

Jede Zahl mit 0 malgenommen ergibt 0, und jede Zahl mit 1 malgenommen ergibt die Zahl selbst. Wenn Sie außerdem die Regel beherzigen, dass die Reihenfolge der Zahlen keine Rolle spielt, bleibt nur noch ein kleines Dreieck übrig, das tatsächlich gelernt werden muss.

$2 * 2 = 4$			
$2 * 3 = 6$	$3 * 3 = 9$		
$2 * 4 = 8$	$3 * 4 = 12$	$4 * 4 = 16$	
$2 * 5 = 10$	$3 * 5 = 15$	$4 * 5 = 20$	$5 * 5 = 25$

Wie funktioniert das Ganze nun? Sie strecken, um die Zahlen darzustellen, tatsächlich die Finger hoch. Zumindest normalerweise. Jetzt im Meeting machen Sie es vielleicht lieber unter dem Tisch, außer, Sie können das Ganze als eine Art

Fingergymnastik verkaufen. Sonst können Sie aber ruhig zur Fingermathematik stehen! Es ist ja klar, dass Sie nicht addieren, sondern multiplizieren und von daher nichts zu verbergen haben. Und wenn Sie erst einmal Übung darin haben, werden Sie im Multiplizieren sowieso so schnell sein, dass andere nur staunen.

Um die Zahlen bis 15 zu multiplizieren, unterscheiden wir fünf Fälle:

Fall 1
Eine Zahl liegt zwischen 5 und 10, die andere zwischen 0 und 5

Fall 2
Beide Zahlen liegen zwischen 5 und 10

Fall 3
Eine Zahl liegt zwischen 10 und 15, die andere zwischen 0 und 5

Fall 4
Eine Zahl liegt zwischen 10 und 15, die andere zwischen 5 und 10

Fall 5
Beide Zahlen liegen zwischen 10 und 15

Das Wort »zwischen« hat immer einschließenden Charakter. »Zwischen 5 und 10« bedeutet also, dass 5 und 10 auch dazugehören. In allen Fällen werden die Zahlen durch die Hände erst dargestellt, danach wird gerechnet.

Mit diesem Schema gewinnen Sie schnell einen Überblick, wie die fünf Fälle einzuordnen sind:

1. Zahl 2. Zahl	0 bis 5	5 bis 10	10 bis 15
0 bis 5	Vor-/ Grundwissen	Fall 1	Fall 3
5 bis 10	Fall 1	Fall 2	Fall 4
10 bis 15	Fall 3	Fall 4	Fall 5

Es wird immer mit dem der entsprechenden Zahl nächstgelegenen vollen Zehner gearbeitet. Liegt die Zahl beispielsweise zwischen 5 und 15, dann ist die 10 der nächstgelegene volle Zehner. Bei Zahlen unter 5 ist der nächstgelegene volle Zehner die 0.

Ist die zu multiplizierende Zahl, beispielsweise die 12, größer als der nächstgelegene volle Zehner ($12 = 1 * 10 + 2$), dann werden Finger nach oben ausgestreckt. In diesem Fall zwei Finger. Ist die Zahl, beispielsweise die 7, aber kleiner als der nächstgelegene volle Zehner ($7 = 1 * 10 - 3$), so werden Finger nach unten ausgestreckt. Wenn wir als Beispiel die 7 nehmen, dann werden 3 Finger nach unten gestreckt. Die nach oben gestreckten Finger stellen positive Zahlen dar, die nach unten gestreckten negative. Welche Hand Sie für eine Zahl verwenden, spielt keine Rolle. Ob Sie nun Links- oder Rechtshänder sind, fangen Sie einfach mit Ihrer Lieblingshand an. Ich mache es so, dass ich die erste Zahl mit der linken Hand und die zweite Zahl mit der rechten Hand darstelle. Sie können es aber auch umgekehrt machen.

Dies ist nun vielleicht etwas ungewöhnlich, aber wir beginnen mit Fall 5 und enden mit Fall 1. Der Grund dafür ist, dass Fall 5 die Wirksamkeit der Fingermathematik besonders gut veranschaulicht. Weil beide Zahlen zweistellig sind, wirkt die Aufgabe erst mal schwieriger, sie ist es aber gar nicht.

Fall 5

Beide Zahlen liegen zwischen 10 und 15. Beispiel 12 * 13

Schritt 1 Darstellung der Zahlen 12 und 13

Sie stellen die Zahlen 12 und 13 dar, indem Sie, von 10 ausgehend, mit einer Hand 2 Finger nach oben und mit der anderen Hand 3 Finger nach oben ausstrecken.

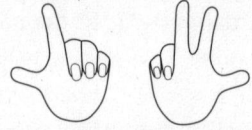

Schritt 2 Berechnung der Multiplikation 12 * 13

Zuerst multiplizieren Sie die Zehner. Von 100, nämlich 10 * 10, ausgehend, addieren Sie für jeden nach oben ausgestreckten Finger (3 + 2 = 5 Finger sind nach oben ausgestreckt) jeweils einen Zehner und gelangen zum Zwischenergebnis 100 + 5 * 10 = 150. Zum Schluss addieren Sie zum Zwischenergebnis 150 das »Mini-Produkt« der ausgestreckten Finger (2 * 3 = 6). 150 + 6 = 156 lautet das Ergebnis. Das Mini-Produkt wird in diesem Fall addiert, weil die Finger beider Hände in die gleiche Richtung weisen. Regel: Plus mal plus gleich plus.

Mit dem Wort »Mini-Produkt« meine ich ein Produkt aus dem kleinen 5 * 5, das ich als bekannt vorausgesetzt habe.

Das Ergebnis eines Mini-Produkts ist auch mini. Es ist nie größer als 25 (= 5 * 5).

Fall 4
Eine Zahl liegt zwischen 10 und 15, eine zwischen 5 und 10.
Beispiel 8 * 14

Schritt 1 · Darstellung der Zahlen 8 und 14
Sie stellen die Zahlen 8 und 14 dar, indem Sie, von 10 ausgehend, mit einer Hand 2 Finger nach unten und mit der anderen Hand 4 Finger nach oben ausstrecken.

Schritt 2 Berechnung der Multiplikation 8 * 14
Von 100 (= 10 * 10) ausgehend, addieren Sie für jeden der 4 nach oben ausgestreckten Finger der einen Hand jeweils einen Zehner und gelangen zum Zwischenergebnis 100 + 4 * 10 = 140. Anschließend subtrahieren Sie für jeden der 2 nach unten ausgestreckten Finger der anderen Hand jeweils einen Zehner und gelangen zum Zwischenergebnis 140 – 2 * 10 = 120. Zum Schluss subtrahieren Sie vom Zwischenergebnis 120 das Mini-Produkt der ausgestreckten Finger (2 * 4 = 8) und gelangen zum Ergebnis 120 – 8 = 112. Das Mini-Produkt muss hier abgezogen werden, weil die Finger der Hände in unterschiedliche Richtungen weisen. Regel: Minus mal plus gleich minus.

Fall 3

Eine Zahl liegt zwischen 10 und 15, die andere zwischen 0 und 5. Beispiel 3 * 15

Schritt 1   Darstellung der Zahlen 3 und 15
Sie stellen die Zahlen 3 und 15 dar, indem Sie mit einer Hand, von 0 ausgehend, 3 Finger nach oben und mit der anderen Hand, von 10 ausgehend, 5 Finger nach oben ausstrecken.

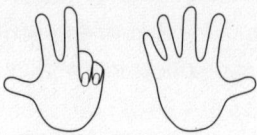

Schritt 2   Berechnung der Multiplikation 3 * 15
Von 0 (= 0 * 10) ausgehend, addieren Sie für jeden der 3 nach oben ausgestreckten Finger der einen Hand jeweils einen Zehner und erhalten das Zwischenergebnis 0 + 3 * 10 = 30. Zum Schluss addieren Sie zum Zwischenergebnis 30 das Mini-Produkt der ausgestreckten Finger (3 * 5 = 15) und sind mit dem Ergebnis 30 + 15 = 45 schon am Ziel. Das Mini-Produkt wird in diesem Fall addiert, weil die Finger der Hände in gleiche Richtungen weisen. Die Regel ist wiederum: Plus mal plus gleich plus.

Fall 2

Beide Zahlen liegen zwischen 5 und 10. Beispiel 7 * 8

Schritt 1   Darstellung der Zahlen 7 und 8
Sie stellen die Zahlen 7 und 8 dar, indem Sie, von 10 ausgehend, mit einer Hand 3 Finger nach unten und mit der anderen Hand 2 Finger nach unten ausstrecken.

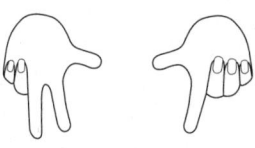

Schritt 2   Berechnung der Multiplikation 7 ∗ 8

Von 100 (= 10 ∗ 10) ausgehend, subtrahieren Sie für jeden nach unten ausgestreckten Finger beider Hände (3 + 2 = 5 Finger sind nach unten ausgestreckt) jeweils einen Zehner und gelangen zum Zwischenergebnis 100 – 5 ∗ 10 = 50. Dann addieren Sie zum Zwischenergebnis 50 wieder das Mini-Produkt der ausgestreckten Finger (2 ∗ 3 = 6) und gelangen zu dem Ergebnis 50 + 6 = 56. Das Mini-Produkt wird hier addiert, weil die Finger der Hände in die gleiche Richtung weisen. Regel: Minus mal minus gleich plus.

Fall 1

Eine Zahl liegt zwischen 5 und 10, die andere zwischen 0 und 5. Beispiel 4 ∗ 7

Schritt 1   Darstellung der Zahlen 4 und 7

Sie stellen die Zahlen 4 und 7 dar, indem Sie mit einer Hand, von 0 ausgehend, 4 Finger nach oben und mit der anderen Hand, von 10 ausgehend, 3 Finger nach unten ausstrecken.

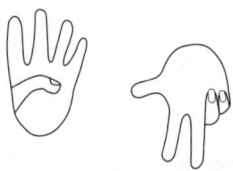

Schritt 2   Berechnung der Multiplikation 4 ∗ 7

Von 0 (= 0 ∗ 10) ausgehend, addieren Sie für jeden der 4 nach oben ausgestreckten Finger der einen Hand jeweils einen

Zehner und gelangen zum Zwischenergebnis $0 + 4 * 10 = 40$. Zum Schluss subtrahieren Sie vom Zwischenergebnis 40 das Mini-Produkt der ausgestreckten Finger ($4 * 3 = 12$) und sind mit dem Ergebnis $40 - 12 = 28$ am Ziel. Das Mini-Produkt wird hier subtrahiert, weil die Finger der Hände in unterschiedliche Richtungen weisen. Regel: Plus mal minus gleich minus.

Jetzt können Sie Ihre Aufmerksamkeit wieder dem Keksteller zuwenden. Da sieht es gerade nicht gut aus. Schokoladenkekse: Fehlanzeige. Sie wollen nun berechnen oder rekonstruieren, wie viele Kekse überhaupt in der Originalverpackung waren. Sie wissen, dass es in den beiden Verpackungslagen insgesamt 28 Fächer gibt. Gemeinerweise sind manche tiefer als andere. Und zwar ausgerechnet die, die keine Schokoladenkekse enthalten! Die Hälfte dieser 28 Fächer enthält je 3 Kekse mit Schokoladenanteil, die andere je 4 Kekse ohne Schokoladenanteil. Während des Meetings haben Sie ausgetüftelt, dass Sie dafür nur die Zahlen 14 und 7 miteinander multiplizieren müssen. Dieses entspricht einer Aufgabe aus der Fallklasse 4 »Eine Zahl liegt zwischen 10 und 15, eine zwischen 5 und 10«. Wie sind Sie darauf gekommen? 14 ist die Hälfte von 28. ($20 : 2 = 10$ und $8 : 2 = 4$ ergeben $28 : 2 = 14$.) Es gibt also 14 Doppelfächer, eins mit und eins ohne Schokoladenkekse, mit insgesamt jeweils $3 + 4 = 7$ Keksen. Lösung: Sie rechnen $7 * 14$ gemäß Fall 4 aus.

Schritt 1   Darstellung der Zahlen 7 und 14

Sie stellen die Zahlen 7 und 14 dar, indem Sie, von 10 ausgehend, mit einer Hand 3 Finger nach unten und mit der anderen Hand 4 Finger nach oben ausstrecken.

Schritt 2   Berechnung der Multiplikation 7 ∗ 14

Von 100 (= 10 ∗ 10) ausgehend, addieren Sie für jeden der 4 nach oben ausgestreckten Finger der einen Hand jeweils einen Zehner und gelangen zum Zwischenergebnis 100 + 4 ∗ 10 = 140. Anschließend subtrahieren Sie für jeden der 3 nach unten ausgestreckten Finger der anderen Hand jeweils einen Zehner und gelangen zum Zwischenergebnis 140 – 3 ∗ 10 = 110. Zum Schluss subtrahieren Sie vom Zwischenergebnis 110 das Mini-Produkt der ausgestreckten Finger (3 ∗ 4 = 12) und erhalten 110 – 12 = 98. Das Mini-Produkt muss hier abgezogen werden, weil die Finger der Hände in unterschiedliche Richtungen weisen. Regel: Minus mal plus gleich minus.

Sie werden gemerkt haben, dass wir bei der Fingermathematik immer zuerst mit den Zehnern beginnen und das Mini-Produkt erst zum Schluss addieren oder subtrahieren. Das hat den Vorteil, dass erst die großen Zahlen drankommen und dann die kleinen und man gleich zu Anfang die Größenordnung des Ergebnisses sieht. So hat man eine bessere Orientierung und tappt nicht lange im Dunkeln herum.

Vielleicht erscheint Ihnen die Fingermathematik zunächst wieder ein bisschen umständlich. Aber auf diese Weise werden die Multiplikationen in winzige Schritte zerlegt, die jeder nachvollziehen kann. Der Aufwand ist also höher, dafür sind die einzelnen Rechnungen einfacher. Mit ein wenig Praxis werden Sie in der Lage sein, die Zahlen in Windeseile darzustellen. Und auch die Rechenschritte werden Sie mit Hilfe der Fingermathematik in Sekundenschnelle bewältigen. Mit noch mehr Praxis werden Sie vermutlich feststellen, dass Sie die Hände gar nicht mehr benutzen müssen, weil Sie sie vor Ihrem geistigen Auge sehen können. Hinzu kommt, dass die kleinen Rechenschritte mit Übung zu größeren Schritten verschmelzen.

 Alle fünf Fälle können Sie anhand der folgenden Aufgaben noch einmal selbst ausprobieren.

1. 11 * 14, 12 * 12 und 13 * 15 (Fall 5)
2. 9 * 13, 6 * 12 und 7 * 11 (Fall 4)
3. 2 * 14, 4 * 12 und 3 * 13 (Fall 3)
4. 5 * 9, 6 * 7 und 9 * 9 (Fall 2)
5. 3 * 7, 4 * 9 und 2 * 8 (Fall 1)

Jetzt gibt es noch ein paar Übungen kreuz und quer durch alle Fälle. Rechnen Sie:

5 * 15	6 * 13	3 * 8
4 * 11	9 * 14	10 * 12
7 * 5	15 * 15	14 * 5
11 * 13	7 * 7	

11.46 Uhr   Quadratzahlen multiplizieren

Das Meeting plätschert so vor sich hin. Ihr Chef findet, dass mehr Management benötigt wird, um Fehlern vorzubeugen. Seitdem er an einem Seminar teilgenommen hat, denkt er, dass sich mit mehr Management alles lösen ließe. Sie hören nur mit halbem Ohr zu, schenken sich noch einen Kaffee ein und kritzeln auf Ihrem Notizblock herum. Alles, was Sie hören, wissen Sie schon, und vermutlich verpassen Sie nichts, wenn Sie sich zwischenzeitlich mit anderen Dingen beschäftigen, z.B. mit der Fingermathematik weitermachen. Dies ist einer von den Tagen, an dem Sie nicht viel vom Schreibtisch schaffen können, weil Sie so viel Zeit in Besprechungen verbringen, aber so ist es eben manchmal.

Wir wollen uns jetzt die Quadratzahlen vornehmen. Natürlich könnten wir sie ganz einfach auf die schon vorgestellte Weise ausrechnen, es geht aber auch noch einfacher.
Quadratzahlen wie beispielsweise 6 * 6, 11 * 11 oder 46 * 46 sind so etwas wie die Atome der Multiplikation. Oder etwas architektengerechter ausgedrückt: die Pfeiler des Multiplikationsgebäudes. Sie lassen sich leichter errechnen als Multiplikationen mit zwei unterschiedlichen Zahlen.
Quadratzahlen können durch Flächen veranschaulicht werden, die selbst quadratisch sind. Die hundert Felder des Hunderterquadrats beispielsweise bestehen aus zehn Zeilen und zehn Spalten mit jeweils 10 Feldern. Dieses Feld ist quadratisch, weil Länge und Breite genau gleich lang sind. Das Ergebnis der Aufgabe 10 * 10 = 100 spiegelt diesen Sachverhalt wider. Alle Seiten dieses Quadrats haben die Länge 10.

Das Wort Quadrat drückt also die geometrische Bedeutung einer Quadratzahl aus. Entscheidend ist, dass die Länge und die Breite gleich lang sind.

Bei einer Multiplikation mit zwei ungleichen Zahlen erhalten wir, wenn wir das Ergebnis geometrisch interpretieren, kein Quadrat, sondern ein Rechteck. Das Rechteck ist eine Verallgemeinerung eines Quadrates. Jedes Quadrat ist ein Rechteck mit gleich langen Seiten, aber nicht jedes Rechteck ist ein Quadrat.

Oft lassen sich beliebige Multiplikationen auf die Verrechnung von Quadratzahlen reduzieren. Nehmen wir als Beispiel die Aufgabe $5 * 7$. $5 * 7$ ist auch als $(6 - 1) * (6 + 1)$ darstellbar. Das hat damit zu tun, dass $6 - 1$ das Gleiche darstellt wie 5 und $6 + 1$ das Gleiche darstellt wie 7. Mit anderen Worten, ich kann 5 durch $6 - 1$ ersetzen und genauso 7 durch $6 + 1$.

$(6 - 1) * (6 + 1)$ ergibt:

$6 * 6$ (erstes Produkt) $+ 6 * 1$ (zweites Produkt) $- 1 * 6$ (drittes Produkt) $- 1 * 1$ (viertes Produkt)

Um die Klammer aufzulösen, muss jedes Glied der ersten Klammer mit jedem Glied der zweiten Klammer multipliziert werden. Das ergibt zusammen $2 * 2 = 4$ Multiplikationen.

$$6 * 6 + 6 * 1 - 6 * 1 - 1 * 1$$
$$= 6 * 6 - 1 * 1$$
$$= 36 - 1 = 35$$

Das Ergebnis 35 ergibt sich aus der Differenz zweier Quadratzahlen, nämlich 36 und 1. Der Vorteil ist hier, dass das zweite und dritte Produkt sich zu 0 addieren und damit wegfallen. Es bleiben also nur das erste und das vierte Produkt übrig.

Wie wir am Beispiel 5 ∗ 7 sehen, lassen sich Multiplikationen oft einfach durch die Differenzen zweier Quadrate bilden. Das ist immer dann möglich, wenn die Summe der zu multiplizierenden Zahlen eine gerade Zahl ergibt. Im Beispiel ist 5 + 7 = 12 eine gerade Zahl.

Wenn die Summe ungerade sein sollte, wie im Beispiel 4 ∗ 7 (4 + 7 = 11 ist ungerade), kann problemlos mit Hilfe eines geraden Nachbarn gerechnet werden. 5 + 7 = 12 ist so ein gerader Nachbar.

$$4 * 7$$
$$= 5 * 7 - 1 * 7$$
$$= 6 * 6 - 1 * 1 - 1 * 7$$
$$= 36 - 1 - 7 = 28$$

Das Beispiel 5 ∗ 7 scheint Ihnen sicher ein bisschen einfach für so viel rechnerischen Aufwand. Es geht mir darum, erst mal die Technik zu erklären. Der Einsatz dieser Technik lohnt sich aber erst bei größeren Zahlen, beispielsweise bei 29 ∗ 31. Hier wäre einfach nur 30 ∗ 30 minus 1 ∗ 1 zu rechnen: (30 − 1) ∗ (30 + 1) = 30 ∗ 30 + 1 ∗ 30 − 1 ∗ 30 − 1 ∗ 1 = 30 ∗ 30 − 1 ∗ 1 (weil auch hier das zweite (1 ∗ 30 = 30) und dritte Produkt (−1 ∗ 30 = −30) sich zu Null addieren).

Wenn wir nun mit Hilfe der Fingermathematik die Quadratzahlen der Zahlen bis 100 berechnen, ist es hilfreich, nicht nur das kleine 5 ∗ 5, sondern auch die Quadrate der Zahlen 6, 7, 8 und 9 zu kennen. Nur für den Fall, dass jemand von Ihnen sie nicht gleich parat hat, schreibe ich sie hier auf:

$$6 * 6 = 36$$
$$7 * 7 = 49$$

$$8 * 8 = 64$$
$$9 * 9 = 81$$

Sie können sie natürlich auch jederzeit mit dem Fall 2 der Fingermathematik bis 15 * 15 errechnen.

Versuchen Sie zunächst mit Hilfe der Fingermathematik des vorangegangenen Kapitels die Quadratzahlen der Zahlen bis 15 zu finden. Tipp: Die Quadratzahlen bis 25, das sind die Quadratzahlen der Zahlen von 0 bis 5, kennen Sie sowieso, weil sie im kleinen 5 * 5 vorkommen. Die Quadratzahlen der Zahlen von 6 bis 10 finden Sie, indem Sie Fall 2 aus dem letzten Kapitel anwenden, die der Zahlen von 11 bis 15 mit Hilfe von Fall 5. Haben Sie alle? Dann überprüfen Sie Ihre Ergebnisse hinten im Buch!

Wie sieht es aber mit den Quadratzahlen aus, wenn wir einmal den Bereich bis 15 verlassen? Beispielsweise mit der 22. Die 22 ist ein schöner Anfang, weil diese Zahl nicht weit von dem vollen Zehner 20 entfernt ist und die 20 noch recht einfach gehandhabt werden kann. Gleichzeitig ist die 20 deutlich größer als die 10.
Wie im Bereich bis 15 wird immer mit dem nächstgelegenen vollen Zehner gerechnet. Bei unserer ersten Aufgabe also mit 20.

Beispiel 22 * 22 = ?
Schritt 1   Darstellung der Zahlen 22 und 22
Sie stellen die Zahlen 22 und 22 dar, indem Sie, von 20 ausgehend, mit beiden Händen jeweils 2 Finger nach oben ausstrecken.

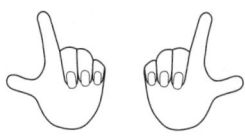

Schritt 2   Berechnung des Quadrats der Zahl 22 (= 22 * 22)
Von 400 (= 20 * 20) ausgehend, addieren Sie für jeden nach oben ausgestreckten Finger (2 + 2 = 4 Finger sind nach oben ausgestreckt) jeweils einen Zwanziger und gelangen zum Zwischenergebnis 400 + 4 * 20 = 400 + 80 = 480. Beachten Sie bitte, dass aufgrund der Ausgangszahl 20 jeder Finger als Zwanziger und nicht als Zehner gerechnet wird. Zum Schluss addieren Sie in gewohnter Weise zum Zwischenergebnis 480 das Mini-Produkt der ausgestreckten Finger (2 * 2 = 4). 480 + 4 = 484 lautet das Ergebnis. Das Mini-Produkt wird in diesem Fall addiert, weil die Finger beider Hände in die gleiche Richtung weisen. Regel· Plus mal plus gleich plus.
Erkennen Sie den Unterschied zu der Rechenweise im vorhergehenden Kapitel? Weil beide Zahlen gleich sind, gehen Sie hier eine Abkürzung. Sie müssen bei der Darstellung der Zahlen durch die Hände nicht an zwei, sondern nur an eine Zahl denken.

Versuchen Sie nun auf die gleiche Weise die Quadrate der Zahlen 21 und 23 zu finden.
Als Nächstes berechnen wir das Quadrat einer Zahl, die etwas unter 20 liegt. Der einzige Unterschied ist der, dass wir von 20 ausgehend eine kleine Zahl abziehen, also die Finger nach unten ausstrecken und somit im weiteren Verlauf eine Subtraktion vollziehen müssen. Wir können deshalb den ersten Fall mit der 22 den Additionsfall und den hier vorliegenden Fall mit der 17 den Subtraktionsfall nennen.

Beispiel 17 * 17 = ?

Schritt 1   Darstellung der Zahlen 17 und 17

Sie stellen die Zahlen 17 und 17 dar, indem Sie, von 20 ausgehend, mit beiden Händen jeweils 3 Finger nach unten ausstrecken.

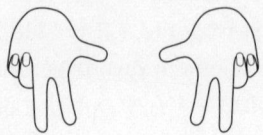

Hier ist wieder 20 der nächstgelegene volle Zehner.

Schritt 2   Berechnung des Quadrats der Zahl 17 (= 17 * 17)

Von 400 (= 20 * 20) ausgehend, subtrahieren Sie für jeden nach unten ausgestreckten Finger, egal von welcher Hand, (3 + 3 = 6 Finger sind nach unten ausgestreckt) jeweils einen Zwanziger und gelangen zum Zwischenergebnis 400 – 6 * 20 = 400 – 120 = 300 – 20 = 280. Beachten Sie bitte, dass aufgrund der Ausgangszahl 20 jeder Finger als Zwanziger und nicht als Zehner gerechnet wird. Zum Schluss addieren Sie in gewohnter Weise zum Zwischenergebnis 280 das Mini-Produkt der ausgestreckten Finger (3 * 3 = 9). 280 + 9 = 289 lautet das Ergebnis. Das Mini-Produkt wird in diesem Fall addiert, weil die Finger beider Hände in die gleiche Richtung weisen. Regel: Minus mal minus gleich plus.

Versuchen Sie auf die gleiche Weise die Quadrate der Zahlen 19 und 16 zu finden.

Bisher war der nächstgelegene volle Zehner der zu quadrierenden Zahlen in diesem Kapitel stets die 20. Bei größeren zu quadrierenden Zahlen ist der nächstgelegene volle

Zehner natürlich auch größer, beispielsweise 30, 50 oder sogar 100. Damit werden die Rechnungen im Schritt 2 einen Tick schwieriger, einfach weil die Zahlen größer sind.

Als Nächstes kommt das Quadrat der Zahl 33 dran.

Schritt 1   Darstellung der Zahlen 33 und 33

Sie stellen die Zahlen 33 und 33 dar, indem Sie, von 30 ausgehend, mit beiden Händen jeweils 3 Finger nach oben ausstrecken.

Hier ist 30 der nächstgelegene volle Zehner.

Schritt 2   Berechnung des Quadrats der Zahl 33 (= 33 * 33)

Von 900 (= 30 * 30) ausgehend, addieren Sie für jeden nach oben ausgestreckten Finger (3 + 3 = 6 Finger sind nach oben ausgestreckt) jeweils einen Dreißiger und gelangen zum Zwischenergebnis 900 + 6 * 30 = 900 + 180 = 1 000 + 80 = 1 080. Beachten Sie bitte, dass aufgrund der Ausgangszahl 30 jeder Finger als Dreißiger gerechnet wird. Zum Schluss addieren Sie in gewohnter Weise zum Zwischenergebnis 1 080 das Mini-Produkt der ausgestreckten Finger (3 * 3 = 9). 1 080 + 9 = 1 089 lautet das Ergebnis. Das Mini-Produkt wird in diesem Fall addiert, weil die Finger beider Hände in die gleiche Richtung weisen. Regel: Plus mal plus gleich plus. Das brauche ich jetzt eigentlich nicht mehr zu wiederholen, weil Sie es schon wissen.

Probieren wir eine noch größere Zahl. Diesmal das Quadrat der Zahl 59.

Schritt 1 Darstellung der Zahlen 59 und 59
Sie stellen die Zahlen 59 und 59 dar, indem Sie, von 60 ausgehend, mit beiden Händen jeweils 1 Finger nach unten ausstrecken.

Hier ist 60 der nächstgelegene volle Zehner.

Schritt 2 Berechnung des Quadrats der Zahl 59 (= 59 * 59)
Von 3600 (= 60 * 60) ausgehend, subtrahieren Sie für jeden nach unten ausgestreckten Finger (1 + 1 = 2 Finger sind nach unten ausgestreckt) jeweils einen Sechziger und gelangen zum Zwischenergebnis 3600 – 2 * 60 = 3600 – 120 = 3500 – 20 = 3480. Aufgrund der Ausgangszahl 60 wird hier jeder Finger als Sechziger gerechnet. Zum Schluss addieren Sie in gewohnter Weise zum Zwischenergebnis 3480 das Mini-Produkt der ausgestreckten Finger (1 * 1 = 1). 3480 + 1 = 3481 lautet das Ergebnis. Das Mini-Produkt wird in diesem Fall addiert, weil die Finger beider Hände in die gleiche Richtung weisen.

Als letztes Beispiel wollen wir das Quadrat der Zahl 96 berechnen.

Schritt 1 Darstellung der Zahlen 96 und 96
Sie stellen die Zahlen 96 und 96 dar, indem Sie mit beiden Händen jeweils von 100 ausgehend 4 Finger nach unten ausstrecken.

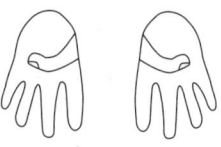

Hier ist 100 der nächstgelegene volle Zehner.

Schritt 2   Berechnung des Quadrats der Zahl 96 (= 96 * 96)
Von 10 000 (= 100 * 100) ausgehend, subtrahieren Sie für jeden nach unten ausgestreckten Finger (4 + 4 = 8 Finger sind nach unten ausgestreckt) jeweils einen Hunderter und gelangen zum Zwischenergebnis 10 000 − 8 * 100 = 10 000 − 800 = 9 200. Weil hier 100 unsere Ausgangszahl ist, wird jeder Finger als Hunderter gerechnet. Zum Schluss addieren Sie in gewohnter Weise zum Zwischenergebnis 9 200 das Mini-Produkt der ausgestreckten Finger (4 * 4 = 16). 9 200 + 16 = 9 216 lautet das Ergebnis. Das Mini-Produkt wird in diesem Fall addiert, weil die Finger beider Hände in die gleiche Richtung weisen.

Es gibt noch eine weitere Möglichkeit, Quadratzahlen auszurechnen. Sie können das nämlich alternativ mit nur einer Hand tun.
Schritt 1   Darstellung der Zahl 33
Sie stellen die Zahl 33 dar, indem Sie, von 30 ausgehend, mit einer Hand 3 Finger nach oben ausstrecken.

Schritt 2   Berechnung des Quadrats der Zahl 33 (= 33 * 33)

Von 900 (= 30 * 30) ausgehend, addieren Sie für jeden der drei nach oben ausgestreckten Finger jeweils einen Sechziger und erhalten das Zwischenergebnis 900 + 3 * 60 = 900 + 180 = 1 000 + 80 = 1 080. Sie merken, was anders ist, oder? Unsere Ausgangszahl ist zwar die 30, als nächstgelegener Zehner, aber wir verdoppeln die Zahl. Jeder Finger wird als Sechziger gerechnet, weil eine Hand die Rolle der anderen mit übernommen hat. Zum Schluss addieren Sie zum Zwischenergebnis 1080 wieder das Mini-Produkt, das hier ein Mini-Quadrat der 3 ausgestreckten Finger (3 * 3 = 9) ist. 1 080 + 9 = 1 089 lautet das Ergebnis. Das Mini-Quadrat wird in diesem Fall addiert, weil die 3 Finger der einen Hand nach oben zeigen.

Jetzt probieren wir das Gleiche mit der Zahl 59.

Schritt 1 Darstellung der Zahl 59
Sie stellen die Zahl 59 dar, indem Sie mit einer Hand Ihrer Wahl von 60 ausgehend 1 Finger nach unten ausstrecken.

Schritt 2 Berechnung des Quadrats der Zahl 59 (= 59 * 59)
Von 3 600 (= 60 * 60) ausgehend, subtrahieren Sie für jeden nach unten ausgestreckten Finger, 1 Finger ist nach unten ausgestreckt, jeweils einen Hundertzwanziger und gelangen zum Zwischenergebnis 3 600 − 1 * 120 = 3 600 − 120 = 3 500 − 20 = 3 480. Genau wie bei der letzten Aufgabe haben wir die Ausgangszahl einfach verdoppelt, damit Sie wieder eine Hand einsparen können. Zum Schluss addieren Sie in gewohnter Weise zum Zwischenergebnis 3480 das Mini-Quadrat des ausgestreckten Fingers (1 * 1 = 1). 3 480 + 1 = 3 481

lautet das Ergebnis. Das Mini-Quadrat wird in diesem Fall addiert, obwohl der Finger der einen Hand nach unten zeigt. Gedanke: Minus mal minus ergibt plus.

Das Mini-Produkt bei der Berechnung der Quadratzahlen wird unabhängig von der Ausrichtung der Finger immer addiert und niemals subtrahiert, egal ob Sie eine oder zwei Hände für die Quadrierung einer Zahl benutzt haben.

Sie entscheiden, ob Sie die Quadrate mit zwei Händen oder mit einer Hand rechnen. Sie müssen nur darauf achten, dass bei der Ein-Hand-Lösung jeder ausgestreckte Finger den doppelten Wert hat.

Probieren Sie beide Wege mehrmals, und wählen Sie dann denjenigen, der Ihnen mehr liegt.

Nun noch ein Spezialfall: Wenn die Einerstelle eine 5 ist, kann das Quadrat besonders leicht gebildet werden. Bei dieser Methode mussen Sie nicht einmal Ihre Hände einsetzen.

Um herauszufinden, was 35 * 35 ergibt, rechnen Sie einfach

$$3 * 4 = 12$$

Die 3 ist die Zehnerstelle der 35 und die 4 einfach der Nachfolger der 3. Dann hängen Sie eine 25 an die 12. Das Ergebnis 1 225 ist das Quadrat der Zahl 35.

Genauso erhalten Sie das Quadrat von 55. Sie rechnen 5 * 6 = 30 und hängen an die 30 eine 25 an. Das Ergebnis lautet 3 025.

Ich will das Ganze in einer Formel zusammenfassen. Wenn Sie zu den Formelhassern gehören und schon in der Schule abgeschaltet haben, sobald eine ins Spiel kam, dann bitte ich Sie, sich meine Formel hier ausnahmsweise einmal ganz langsam durchzulesen. Das Prinzip haben Sie ja schon verstanden.

Unter meinen Lesern befinden sich auch solche, die richtig gut im Rechnen sind, und diese werden vermutlich aufatmen, wenn endlich mal eine einfache, präzise Formel kommt. Ersetzen wir die Zehnerstelle durch den Buchstaben a, haben wir eine allgemeine Berechnungsweise für Quadrate der Zahlen mit Endung 5:

$$a5^2 = (a * (a + 1)) \text{ und die 25 anhängen}$$

Wir rechnen es einmal gemeinsam für die 65 aus.

$65 * 65$
$= 6 * (6 + 1)$ und die 25 anhängen
$= 6 * 7$ und die 25 anhängen
$= 4\,225$

Bitte lösen Sie folgende Aufgaben:

1. Wenden Sie die Formel oben für die Berechnung der Quadrate der Zahlen 25, 85 und 95 an.
2. Berechnen Sie dann die Quadrate der Zahlen 17, 28, 41, 62, 77, 83, 91 und 99 sowohl mit der beidhändigen als auch mit der einhändigen Methode.

Mittagspause: Multiplizieren bis 100 ∗ 100

Endlich ist die Sitzung vorbei. Ihr Chef hat beschlossen, dass eine neue Software für das Projektmanagement angeschafft wird. Mit diesem Resultat gehen Sie in die Pause. Statt das gerade Gehörte aber noch einmal mit den Kollegen durchzuhecheln, an deren Gesichtern Sie schon ablesen können, was sie davon halten, wollen Sie die Pause lieber sinnvoll nutzen. Was das Arbeiten betrifft, werden Sie heute nicht mehr viel stemmen, das spüren Sie. Dafür hat Sie in puncto Kopfrechnen jetzt der Ehrgeiz gepackt. Sie holen also nur noch schnell Ihren Mantel aus dem Büro und machen sich auf den Weg.

Diesmal nehmen Sie sich die Zahlen bis 100 ∗ 100 vor. Sie setzen die Methoden ein, die Sie schon gelernt haben. Es gibt eine kleine Änderung, weil nämlich über Kreuz gerechnet wird. Außerdem steigen die Anforderungen an Ihr Gedächtnis, ganz einfach, weil Sie es mit größeren Zahlen zu tun haben. Da gilt es sich bei den Zwischenergebnissen mehr zu merken.

Von Ihrem Büro sind es genau 23 Stufen bis auf die Straße. Zwei Treppen mit jeweils zehn Stufen und noch einmal drei Stufen vor der Tür. Letzte Woche haben Sie einmal gezählt, wie oft Sie die Treppe hinauf oder hinunter laufen, und sind auf insgesamt 42 Mal gekommen. Während Sie nun die Treppe hinunterlaufen, um einzukaufen und ein Brötchen zu essen, rechnen Sie aus, wie viele Stufen das pro Woche sind.

Unsere Aufgabe lautet: 23 * 42

Schritt 1   Darstellung der Zahlen 23 und 42

Sie stellen die Zahlen 23 und 42 dar, indem Sie, von 20 ausgehend, mit einer Hand 3 Finger nach oben und mit der
anderen Hand, von 40 ausgehend, 2 Finger nach oben ausstrecken.

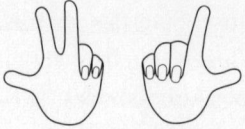

Schritt 2   Berechnung der Multiplikation 23 * 42

Von 800 (= 20 * 40 = 2 * 4 * 10 * 10 = 8 * 100) ausgehend,
addieren Sie für die drei nach oben ausgestreckten Finger der
Zwanziger-Hand drei Vierziger, und für die zwei nach oben
ausgestreckten Finger der Vierziger-Hand zwei Zwanziger
und gelangen zum Zwischenergebnis:

$$800 + 3 * 40 + 2 * 20$$
$$= 920 + 2 * 20$$
$$= 960$$

Neu ist hier, dass über Kreuz gerechnet wird, als hätten die
Hände das, was sie tun sollen, getauscht. Die Wertigkeit der
Finger der einen Hand ergibt sich durch die Ausgangszahl der
anderen Hand.

Zum Schluss addieren Sie zum Zwischenergebnis 960 das
Mini-Produkt der ausgestreckten Finger (3 * 2 = 6). 960 + 6 =
966 lautet das Ergebnis. Das Mini-Produkt wird in diesem
Fall addiert, weil die Finger beider Hände in die gleiche Richtung weisen.

Über Kreuz rechnen wir bei der Fingermathematik immer dann, wenn zwei unterschiedliche Zahlen zu multiplizieren sind. Eigentlich rechnen wir auch bei den Quadratzahlen über Kreuz. Nur haben wir dann den Spezialfall, dass die Ausgangszahlen stets gleich sind. Wenn wir zum Beispiel 23 quadrieren, haben wir zweimal die Zahl 23 und deshalb in beiden Fällen die Ausgangszahl 20. Die Hände bilden beide Zwanziger oder, falls wir mit einer Hand rechnen, Vierziger ab.

Haben wir allerdings wie bei der Aufgabe 23 * 42 unterschiedliche Ausgangszahlen, nämlich einmal die 20 und einmal die 40, dann müssen wir mit der Überkreuztechnik arbeiten, wie folgende Darstellung zeigt:

Die Aufgabe 23 * 42 kann auch in der Form (20 + 3) * (40 + 2) dargestellt werden. Löst man die Klammer auf, muss jede Zahl der ersten Klammer mit jeder Zahl der zweiten Klammer multipliziert werden. Das sind 2 * 2 = 4 Multiplikationen, deren Ergebnisse addiert werden müssen. So haben wir bei (20 + 3) * (40 + 2) zuerst 20 * 40, dann 20 * 2, dann 3 * 40 und zum Schluss 3 * 2 zu addieren. Der erste Teil 20 * 40 entspricht dem sogenannten Ausgangsprodukt (ergibt 800). Der zweite (20 * 2) und dritte Teil (3 * 40) werden durch die Überkreuztechnik gewonnen. Wie der Begriff »über Kreuz« besagt, korrespondieren die zwei Finger der Vierziger-Hand mit der Zwanziger-Hand (vgl. Teil 2: 2 * 20 = 40) und die drei Finger der Zwanziger-Hand mit der Vierziger-Hand (vgl. Teil 3: 3 * 40 = 120). Zum Schluss wird in gewohnter Form das Mini-Produkt berechnet (vgl. Teil 4: 2 * 3 = 6).

Dieses Schema mit den vier Teilen ist als Grundschema zu verstehen. Schritt 1 ist stets das Ausgangsprodukt, also das Produkt der Zehnerstellen beider Zahlen (im Beispiel 20 * 40

= 800). Die Schritte 2 und 3 verbinden jeweils die Einerstellen der einen Zahl mit der Zehnerstelle der anderen Zahl. Hier ist besondere Aufmerksamkeit gefordert, weil die Wertigkeit der Finger der einen Hand immer von der Ausgangszahl der anderen Hand, der Überkreuzhand, abhängt. Wichtig ist, dass kein Schritt vergessen wird.

Das Überkreuzprinzip muss zweimal angewandt werden, weil zunächst die Zehnerstelle der ersten Zahl mit der Einerstelle der zweiten Zahl multipliziert werden muss (im Beispiel 20 ∗ 2 = 40) und dann die Zehnerstelle der zweiten Zahl mit der Einerstelle der ersten Zahl (im Beispiel 40 ∗ 3 = 120). Der letzte und vierte Schritt ist unproblematisch, weil hier nur noch ein Mini-Produkt berechnet werden muss (im Beispiel 3 ∗ 2 = 6). Hier müssen Sie dann nur noch darauf achten, dass das Mini-Produkt bei gleicher Fingerausrichtung immer addiert, ansonsten aber subtrahiert wird. Bei den Quadratzahlen haben wir gesehen, dass die Finger immer gleich ausgerichtet sein müssen, weil wir ja nur mit einer Zahl arbeiten.

Probieren wir einmal die Aufgabe 28 ∗ 47, die ein wenig schwieriger zu rechnen ist, weil bei der Überkreuzrechnung, also bei den Teilen 2 und 3 des vierteiligen Grundschemas, zwei Subtraktionen erforderlich sind.

Schritt 1   Darstellung der Zahlen 28 und 47

Sie stellen die Zahlen 28 und 47 dar, indem Sie, von 30 ausgehend, mit einer Hand 2 Finger nach unten und mit der anderen Hand, von 50 ausgehend, 3 Finger nach unten ausstrecken.

Schritt 2   Berechnung der Multiplikation 28 * 47

Von 1 500 (= 30 * 50 = 3 * 5 * 10 * 10 = 15 * 100) ausgehend, subtrahieren Sie für die zwei nach unten ausgestreckten Finger der Dreißiger-Hand zwei Fünfziger und für die drei nach unten ausgestreckten Finger der Fünfziger-Hand drei Dreißiger und gelangen zum Zwischenergebnis 1 500 − 2 * 50 − 3 * 30 = 1 400 − 3 * 30 = 1 310.

Auch hier wird wieder über Kreuz gerechnet. Die Wertigkeit der Finger der einen Hand ergibt sich durch die Ausgangszahl der anderen Hand.

Zum Schluss addieren Sie zum Zwischenergebnis 1 310 das Mini-Produkt der ausgestreckten Finger (2 * 3 = 6). 1 310 + 6 = 1 316 lautet das Ergebnis. Das Mini-Produkt wird in diesem Fall addiert, weil die Finger beider Hände in die gleiche Richtung weisen.

Plötzlich werden Sie aus Ihren Berechnungen gerissen und müssen abrupt den ziemlich vollen Einkaufswagen abbremsen, weil ein telefonierender Mann dringend vorbei will, um eine Mutter mit Zwillingskinderwagen zu überholen. Ihnen kommt nämlich eine Verkäuferin entgegen, die eine riesige Palette vor sich her schiebt. Ein guter Grund, um noch etwas in Ihrer Lieblingsabteilung zu verweilen, bis sich der Stau aufgelöst hat.

»Reduzierte Weihnachtsartikel« steht an mehreren großen Körben. Unter den heruntergesetzten Artikeln befinden sich auch Ihre Lieblingsmarzipanbrote. Komischerweise mögen Sie nicht die ganz teuren mit der edlen Verpackung am liebsten, sondern die süßen, billigen. Ein ganzer Berg davon liegt vor Ihnen − genau das, was Sie an so einem trüben, kalten Januartag brauchen. Die Marzipanbrote halten sich ja eine

Weile und laden zum Hamstern geradezu ein. Warum sollten Sie da die teureren Ostereier aus Marzipan kaufen, die es bald wieder gibt?

Schnell zählen Sie ab, wie viele es sind. 36! Da hätten Sie einen guten Vorrat. Aber lohnt es sich wirklich, die alle mitzuschleppen? Erst mal müssen Sie ja alles ins Büro bringen, denn dort steht das Auto. Jedes Marzipanbrot wiegt 150 Gramm und kostet 49 Cent.

Welches Gewicht müssen Sie schultern, und was kostet es, wenn Sie alle 36 nehmen? Das wollen wir jetzt ausrechnen.

Beginnen wir mit dem Gewicht: Eine Möglichkeit ist die Multiplikation der Zahlen 36 und 150 mit Hilfe der Fingermathematik. Weil 150 größer ist als 100, ist es hier jedoch sinnvoll, mit 15 10-Gramm-Einheiten zu rechnen. Statt $36 * 150$ kann man $15 * 36$ wie gewohnt mit der Fingermathematik berechnen und das Ergebnis der Multiplikation mit 10 malnehmen, indem man einfach eine Null an das Ergebnis anhängt.

Die Zahl 15 kann auf zweierlei Weise dargestellt werden: Wir können entweder 10 oder 20 als nächstgelegenen vollen Zehner wählen, denn 10 und 20 liegen jeweils 5 Einheiten von 15 entfernt. Hier würde ich mit der kleineren Alternative, der 10, arbeiten, weil zum einen die Rechnung einfacher ist und zum anderen später eine schwierigere Subtraktion ($5 * 40$ wäre abzuziehen) vermieden wird.

Schritt 1   Darstellung der Zahlen 15 und 36

Sie stellen die Zahlen 15 und 36 dar, indem Sie, von 10 ausgehend, mit einer Hand 5 Finger nach oben und mit der anderen Hand, von 40 ausgehend, 4 Finger nach unten ausstrecken.

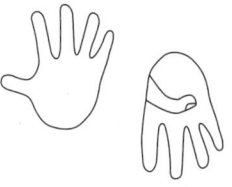

Schritt 2   Berechnung der Multiplikation 15 * 36

Von 400 (= 10 * 40) ausgehend, addieren Sie für die fünf nach oben ausgestreckten Finger der Zehner-Hand fünf Vierziger und erhalten

400 + 5 * 40
= 400 + 200
= 600

als erstes Zwischenergebnis. Für die vier nach unten ausgestreckten Finger der Vierziger-Hand müssen wir vom ersten Zwischenergebnis (600) noch vier Zehner subtrahieren und gelangen zum zweiten Zwischenergebnis

600 – 4 * 10
= 600 – 40
= 560

Auch hier wird wieder über Kreuz gerechnet. Die Wertigkeit der Finger der einen Hand ergibt sich durch die Ausgangszahl der anderen Hand. Zum Schluss subtrahieren Sie vom zweiten Zwischenergebnis 560 das Mini-Produkt der ausgestreckten Finger (5 * 4 = 20).

560 – 20 = 540 lautet das Ergebnis. Das Mini-Produkt wird in diesem Fall subtrahiert, weil die Finger beider Hände in unterschiedliche Richtungen weisen.

Das Ergebnis 540 der Multiplikation 36 * 15 beantwortet allerdings noch nicht die Frage nach dem Gesamtgewicht der Marzipanbrote. Hier muss für die Multiplikation mit 10 noch eine Null angehängt werden. Außerdem muss die Einheit, nämlich das Gewicht in Gramm, genannt werden. Wir erhalten als Ergebnis der Frage nach dem Gewicht den Wert 5 400 Gramm oder 5,4 Kilogramm. Ein schöner Vorrat bis Ostern, aber so viel wollen Sie nicht tragen.

Es gibt noch eine elegantere Möglichkeit, das Gewicht des Marzipans zu ermitteln, die mit viel weniger Rechenaufwand verbunden ist: Die ursprüngliche Aufgabe 150 Gramm * 36 kann vereinfacht werden, in dem man jeweils zwei Marzipanbrote zusammenfasst. Das Doppelte von 150 Gramm sind 300 Gramm. Statt 36 Broten haben wir 18 »Doppelbrote«, weil 36 : 2 = 18 beziehungsweise 18 * 2 = 36 gilt. Aus der ursprünglichen Aufgabe »150 Gramm * 36« wird die deutlich leichtere Aufgabe »300 Gramm * 18« = 3 * 18 * 100 Gramm.

Die Aufgabe 3 * 18 lässt sich natürlich ganz einfach mit der Fingermathematik rechnen:

Schritt 1 Darstellung der Zahlen 3 und 18

Sie stellen die Zahlen 3 und 18 dar, indem Sie mit einer Hand von 0 ausgehend 3 Finger nach oben und mit der anderen Hand von 20 ausgehend 2 Finger nach unten ausstrecken.

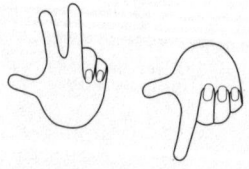

Schritt 2   Berechnung der Multiplikation 3 * 18

Von 0 (= 0 * 20) ausgehend, addieren Sie für jeden der 3 nach oben ausgestreckten Finger der Hand, die die kleinere Zahl (3) darstellt, jeweils einen Zwanziger und gelangen zum Zwischenergebnis 0 + 3 * 20 = 60. Dann subtrahieren Sie vom Zwischenergebnis 60 das Mini-Produkt der ausgestreckten Finger (3 * 2 = 6) und sind mit dem Ergebnis 60 – 6 = 54 schon am Ziel. Das Mini-Produkt wird in diesem Fall subtrahiert, weil die Finger der Hände in unterschiedliche Richtungen weisen.

Mit der Rechnung 54 * 100 Gramm = 5 400 Gramm = 5,4 Kilogramm haben wir auch hier das Gewicht der 36 Marzipanbrote gefunden.

Als Nächstes wollen Sie wissen, was Sie für 36 Marzipanbrote zahlen müssen, wenn ein Stück 49 Cent kostet. Zwar werden Sie heute nicht mehr als 10 mitnehmen können, aber vielleicht ist der Rest ja morgen noch da. Auch für die Multiplikation 36 * 49 kann man wieder die Fingermathematik zu Hilfe nehmen. Das Ergebnis ist der Betrag in Cent für 36 Marzipanbrote.

Schritt 1   Darstellung der Zahlen 36 und 49

Sie stellen die Zahlen 36 und 49 dar, indem Sie, von 40 ausgehend, mit einer Hand 4 Finger nach unten und mit der anderen Hand, von 50 ausgehend, 1 Finger nach unten ausstrecken.

Schritt 2   Berechnung der Multiplikation 36 * 49

Von 2 000 (= 40 * 50) ausgehend, subtrahieren Sie für die vier nach unten ausgestreckten Finger der Vierziger-Hand vier Fünfziger, und für den einen nach unten ausgestreckten Finger der Fünfziger-Hand einen Vierziger und erhalten das Zwischenergebnis

$$2\,000 - 4 * 50 - 1 * 40$$
$$= 1\,800 - 1 * 40$$
$$= 1\,760$$

Auch hier wird wieder über Kreuz gerechnet. Die Wertigkeiten der Finger der einen Hand ergeben sich durch die Ausgangszahl der anderen Hand. Zum Schluss addieren Sie zum Zwischenergebnis 1 760 das Mini-Produkt der ausgestreckten Finger (4 * 1 = 4). 1 760 + 4 = 1 764 lautet das Ergebnis. Das Mini-Produkt wird in diesem Fall addiert, weil die Finger beider Hände in die gleiche Richtung weisen.

Den Gesamtpreis ermitteln wir, indem wir die Einheit Cent anhängen. Im Gegensatz zur vorherigen Aufgabe muss hier nichts mehr multipliziert werden. Die Marzipanbrote kosten 1 764 Cent oder € 17,64.

Auch hier gibt es wieder einen Lösungsweg, der mir persönlich noch besser gefällt. Wenn Sie mit Aufgaben dieser Art vertrauter sind, werden Sie erkennen, wie man vom vorgegebenen Lösungsweg abweichen und eine schöne Abkürzung gehen kann, indem man die Aufgabe etwas umformt.

Statt 36 * 49 kann man auch 36 * (50 − 1) = 36 * 50 − 36 schreiben. Und die Aufgabe 36 * 50 kann man vereinfachen, indem die Zahl 50 verdoppelt (100) und die Zahl 36 halbiert (18) wird.

Das Produkt einer Multiplikation bleibt gleich, wenn ich die eine zu multiplizierende Zahl verdopple und zugleich die andere Zahl halbiere: Wenn die eine Zahl a ist und die andere b, dann gilt allgemein: $a * b = 2 * a * \frac{b}{2}$. Hier kann ich einfach die beiden 2en rauskürzen. Welche Werte die Zahlen a und b haben, spielt keine Rolle.

Statt 36 * 50 erhalten wir so die einfachere Aufgabe 18 * 100. Insgesamt haben wir

$$36 * (50 - 1)$$
$$= 36 * 50 - 36$$
$$= 18 * 100 - 36$$
$$= 1\,800 - 36 = 1\,764$$

Die Fingermathematik muss man hier gar nicht mehr einsetzen.

Zum Schluss des Kapitels lade ich Sie wieder ein, einige Aufgaben mit der Fingermathematik zu üben. Dabei sind auch ein paar Aufgaben der vorangegangenen Kapitel als Wiederholung eingestreut. Wenn Sie bei den größeren Additionen und Subtraktionen Schwierigkeiten mit dem Kopfrechnen haben, können Sie sich Notizen machen, bis Sie sich an die vielen Zahlen gewöhnt haben.

Berechnen Sie alle Aufgaben mit der Überkreuztechnik der Fingermathematik. In einem zweiten Schritt halten Sie dann noch einmal nach Vereinfachungen Ausschau.

24 * 29	14 * 14	91 * 33
13 * 18	62 * 7	56 * 37
53 * 22	3 * 89	86 * 34

47 * 35   66 * 66   26 * 72
41 * 55   66 * 79   75 * 75

Und dann habe ich noch eine Aufgabe für Sie: Rechnen Sie immer, wenn Sie ein bisschen Zeit haben, einmal von 1 * 1 bis 100 * 100. Das schult Sie im Umgang mit Zahlen und kann ruhig ein etwas längerfristiges Projekt sein. Sie müssen sich nur merken, bei welcher Zahl Sie stehengeblieben sind. Die Ergebnisse können Sie mit dem Taschenrechner kontrollieren.

13.45 Uhr   Lernen und sich Sachen merken

Es ist an der Zeit, das bisher Gelernte ein wenig sacken zu lassen. Deswegen steht dieses Kapitel hier und nicht am Anfang. Meiner Meinung nach sind Anregungen zum effizienteren Lernen und zum leichteren Memorieren von Zahlen wirkungsvoller, wenn man schon eigene Erfahrungen mit den Aufgabenstellungen gesammelt und ein bisschen geübt hat.

Wichtig ist: Lernen Sie unbedingt in Ihrem eigenen Tempo! Das eigene Tempo herauszufinden ist gar nicht so einfach, weil wir es von der Schule (und vom Arbeitsplatz) her so gewöhnt sind, ein Tempo vorgegeben zu bekommen. Das Lerntempo ist aber genauso individuell wie das Tempo beim Marathonlaufen, beim Schwimmen oder Gehen. Und genauso wie die körperliche Fitness können Sie natürlich auch Ihre geistige Fitness trainieren.

Ihr Tempo hängt auch davon ab, was für ein Typ Sie sind: Wollen Sie eine Methode erst gründlich verstanden haben, ehe Sie sich mit der nächsten beschäftigen, oder gehören Sie zu denen, die sich zunächst einen Überblick verschaffen und erst dann einzelne Aufgabenbereiche vertiefen? Beides sind mögliche Wege, sich mit dem Stoff zu beschäftigen.

Ich selbst würde mich als »Mischtyp« bezeichnen. Je zielgerichteter mein Interesse ist, desto mehr neige ich dazu, eine Methode erst gründlich verstehen zu wollen. In anderen Fällen ist mir die Übersicht wichtiger.

Die große Gefahr beim Lernen ist immer, dass man aufgibt, weil man keine Lust mehr hat. Oft hat das damit zu tun, dass man an irgendeiner Stelle aufgehört hat, den Stoff zu verstehen. Man fühlt sich abgehängt. Das einfachste Mittel dagegen liegt in der Wiederholung.

Während der Schulzeit habe ich einmal komplett den Anschluss an den Englischunterricht verloren. Weil ich die Lektionen viel zu oberflächlich aufgenommen habe, kam ich irgendwann nicht mehr mit, d.h. ich konnte neue Unterrichtsinhalte nicht mehr in das bereits Bekannte integrieren. Eigentlich ist die Verneinung mit to do keine echte Herausforderung. Wie z.B. bei »Do you know whether there are any good restaurants in Bonn?«

»No, I don't know« als Antwort ging aber einfach nicht in meinen Kopf rein. Ich habe immer »I not know« gesagt, und das noch lange nach der Schulzeit. Erst bei einer längeren USA-Reise wurde mir plötzlich durch die Antwort eines Amerikaners klar, was ich falsch mache.

Nach dem ersten Unterrichtsjahr in Englisch hatte meine Lehrerin vor der gesamten Klasse gesagt, dass ich das Schlusslicht sei. Diese Äußerung habe ich als lebenslängliches Urteil ausgelegt. Ich dachte, dass ich mich nun nicht mehr anzustrengen brauchte, weil ich daran ohnehin nichts ändern konnte. Im vergangenen Jahr habe ich zum ersten Mal vor mehreren hundert Leuten einen Vortrag auf Englisch gehalten.

Mit dieser kleinen Geschichte möchte ich zweierlei sagen: Erstens: Achten Sie darauf, dass bei Ihnen keine Lücke im Stoff entsteht, die Sie mitschleppen und die immer größer wird, bis Sie irgendwann gar nichts mehr verstehen. Egal worum es geht: Wiederholen Sie so lange, bis Sie es wirklich können. Und bilden Sie sich auf keinen Fall ein, andere wären schneller. Wenn Sie nicht gerade ein Kleinkind sind, das alles noch einfach so nebenbei lernt, dann ist es immer mühsam, sich etwas Neues anzueignen. Für fast jeden. Denken Sie nie, das wäre nur bei Ihnen so!

Zweitens: Geben Sie nie auf, und lassen Sie sich nicht einreden, irgendwas nicht gut zu können. Man kann (fast) alles lernen, wenn man sich nur lange genug damit beschäftigt. Je intensiver Sie sich mit neuem Stoff befassen, desto besser werden Sie und desto mehr Spaß macht es auch.

Natürlich meine ich damit nicht, dass Sie mit fünfzig noch Primaballerina werden können oder bei einer neu angefangenen Sportart ganz oben auf dem Siegertreppchen stehen werden. Da können Sie sich noch so abmühen. Und auch, dass Ihre Rechenkünste ins Guinness-Buch der Rekorde eingehen, wäre eher außergewöhnlich. Aber darum geht es auch gar nicht! Etwas können heißt nicht, dass man absolute Spitzenleistungen erbringen muss.

Machen Sie einfach unbeirrt weiter. So wie Sie sich wärmer anziehen, wenn Sie frieren, so wiederholen Sie, wenn Sie noch nicht alles verstanden haben. Das Wiederholen ist wie eine extra Schicht Kleidung, die Sie sich überziehen.

Selbst wenn Sie meinen, schon alles verstanden zu haben, machen Sie die Aufgaben, um das Verstandene auch zu trainieren. Es geht nicht nur darum, etwas zu verstehen, sondern Sie sollen die Methode irgendwann automatisch anwenden können, und da hilft es, wenn Sie sie ein paarmal geübt haben. Zumal Sie sich ja auch noch sämtliche Rechenwege merken müssen.

Und dann hoffe ich natürlich, dass Sie Kopfrechnen in Ihren Alltag integrieren! Mit dem Kopfrechnen ist es nämlich leider nicht wie mit dem Fahrradfahren oder Schwimmen, das man nie mehr verlernt, wenn man es einmal kann. Machen Sie also immer mal wieder ein bisschen! Werden Sie sich nach und nach bewusst, wie viele Zahlen es in Ihrem Alltag gibt, und rechnen Sie mit ihnen. Irgendwann werden Sie vielleicht selbst Aufgaben kreieren, und dann haben Sie es wirklich geschafft.

O nein, Sie haben vergessen, im Supermarkt Kaffee und Butter zu kaufen. Verärgert setzen Sie die schweren Tüten für einen Augenblick auf dem nassen Bürgersteig ab. Vor lauter Marzipanbroten haben Sie nicht an das Wichtigste gedacht. Doch zurückgehen kommt nicht in Frage, denn es ist höchste Zeit fürs Büro, außerdem fängt es schon wieder an zu regnen. Das ist Pech, aber der richtige Moment, um etwas zu Merktechniken zu sagen. Zu einem großen Teil ist das Sich-etwas-merken-Können ebenfalls Übungssache. Wenn Sie sich für Gedächtnistraining oder Gehirnjogging interessieren, sind Sie sicher schon mit Methoden der Mnemotechnik vertraut. Der Nachteil an den meisten Methoden ist, dass Sie immer erst mal eine Methode lernen müssen. Und dass diese Methoden eigentlich dafür gemacht sind, sich große Mengen an Daten zu merken. Wir müssen uns hier aber immer nur ein paar Zwischenergebnisse merken. Wollte man die Mnemotechnik darauf anwenden, wäre das ein bisschen wie mit Kanonen auf Spatzen schießen. Wenn Sie in den üblichen Gedächtnistrainingsmethoden aber schon geübt sind, dann wenden Sie Ihre Methode einfach auch an, um sich Zwischenergebnisse zu merken.

Ich selbst bin kein Riesenfan von Auswendiglernen, und Gedächtnistraining um des Gedächtnistrainings willen wäre gar nicht mein Ding. Ich lerne ungern Methoden nur der Methode wegen. Wenn ich neue Rechenwege suche, dann geht es mir immer darum, den Gedächtnisaufwand möglichst gering zu halten. Sich Zahlen zu merken, ist im Grunde Übungs- und Konzentrationssache.

Ich selbst habe meine eigene, sehr persönliche Methode: Ich merke mir Zahlen anhand des individuellen Charakters, den sie für mich haben.

Die Zahl 251 merke ich mir beispielsweise so: Sie ist die kleinste Zahl, die größer als ein Viertel von 1 000 ist. Zugleich ist diese Zahl eine Primzahl. Die Zahl 251 ist für mich eine Einheit, nicht drei Einheiten. Also nicht die 2, die 5 und die 1, sondern eine Zahl. Die erste Beschreibung, dass 251 die kleinste Zahl ist, die größer als ein Viertel von 1 000 ist, wird durch die zweite Beschreibung, dass 251 eine Primzahl ist, noch ergänzt. Ihnen mag das extrem weit hergeholt erscheinen, für mich ist es eine ganz naheliegende Beschreibung der 251, die ich mir leicht merken kann.

Was können Sie tun, wenn Sie noch keine eigene Methode haben, um sich Dinge zu merken? Die meisten Menschen, die ich kenne, versuchen der Zahl, die sie sich merken wollen, eine Bedeutung zu geben. Wenn Sie 1975 geboren sind, dann können Sie sich diese Zahl natürlich besonders leicht merken. Genauso wie Ihre Hausnummer, Ihren Hochzeitstag oder vielleicht die Ziffern auf Ihrem Nummernschild. Wenn Sie aber gerade beim Rechnen sind, wollen Sie natürlich nicht lange überlegen, welche Bedeutung die zu memorierende Zahl für Sie haben könnte. In so einer Situation fällt Ihnen vermutlich auch nichts ein. Die Methode, die mir am geeignetsten erscheint, funktioniert mit Hilfe der Assoziation. Beispielsweise könnte die 1 eine brennende Kerze sein, weil sie ein bisschen wie eine Kerze aussieht. Die 6 könnte durch eine sechseckige Bienenwabe dargestellt werden. Dann versuchen Sie diese Zahlen durch eine Geschichte oder ein Bild miteinander zu verknüpfen. Sie könnten sich die Zahl 166 mit einem Bild merken, das die Kerze auf den beiden Bienenwaben zeigt. Und das »auf« bedeutete dann, dass die 1 vor den beiden 6en kommt.

Ich selbst würde mir die 166 so merken: Für mich ist die Zahl 166 die größte ganze Zahl, die kleiner als ein Sechstel von 1 000 ist. Das Sechstel ist so etwas wie eine Assoziation mit der 6. Alternativ könnte ich von meinem Geburtsjahr (1966) die 9 streichen und würde so zur 166 gelangen.

Um Ihnen noch einige Anregungen zu geben, wie Sie Ihre eigene Methode entwickeln können, habe ich mich bei anderen erkundigt, wie sie sich Zahlen und Zwischenergebnisse merken.

Ein ehemaliger Deutscher Meister im Einprägen von Gesichtern und Namen gibt einer zu memorierenden Zahl eine Bedeutung mit »persönlicher Relevanz«, wie er es nennt. So merkt er sich beispielsweise seine Kreditkartennummer mit Hilfe von Untersequenzen, d.h. Teilen von ihm schon bekannten Telefonnummern. 384712 würde er als zwei Untersequenzen auffassen, wenn mit 384 die Telefonnummer seiner Mutter begänne und 712 die letzten drei Ziffern der Mobilnummer eines Freundes wären.

Eine andere mögliche Eselsbrücke wäre, dass sein bester Jugendfreund am 3.8. Geburtstag hat, am 4.7. der amerikanische Unabhängigkeitstag ist und am 1.2. sein Hochzeitstag. Auch auf Geschichtsdaten greift er gerne als Erinnerungsstütze zurück. Und manchmal nutzt er mathematische Eigenschaften, um sich Zahlen einprägen zu können:

Die Zahl 4 856 behält er als 48 = 6 * 8 gefolgt von
56 = 7 * 8.

Die Zahl 4 981 behält er als 7 * 7 = 49 gefolgt von
9 * 9 = 81.

Für längere Zahlensequenzen bedient er sich am liebsten bei
Autos. Da gibt es beispielsweise Herstellerschlüsselnummern
(BMW 0005, Opel 0035, Ford 0928, Mercedes 0708, 0709,
0710 – je nach Typ) oder die unterschiedlichen Typen wie
Porsche 911, Mercedes SLS 300, Fiat 127 oder BMW 525.
Durch das Zusammensetzen dieser Nummern ergeben sich
längere Nummern. Diese Vorgehensweise setzt natürlich vor-
aus, dass man die Nummern alle kennt.

Fußballfans merken sich vielleicht eher die Rückennummern
ihrer Lieblingsspieler, so hatte Pelé immer die 10, ebenso
Maradona. Für viele Zahlen haben wir unbewusst »Platzhal-
ter« in unserem Gedächtnis. A380 Airbus, Boeing 747, Har-
ley 1340, Audi Q5 usw.

Auch für Zahlen, die mit Buchstaben gemischt sind, hat der
Gedächtniskünstler eine Verwendung: Die kann man nämlich
beispielsweise bei Buchungscodes von Flügen verwenden.
Um gute Zahlenkombinationen zu bekommen, »sammelt« er
in seinem Umfeld Zahlen. Manche Leute sammeln Briefmar-
ken oder alte Beatles LPs, mein Freund hat eine Zahlensamm-
lung.

Manchmal merkt er sich Zahlen auch in Päckchen, die vom
Klang oder Rhythmus her für ihn eine gewisse Symmetrie
haben. Diese Methode ist für Telefonnummern sehr praktisch.
3 579 732 merkt er sich nicht als drei, fünf, sieben, neun, sieben, drei, zwei, sondern als fünfunddreißig, sieben neun sieben, zweiunddreißig.

Die Ziffernsequenz 70 788 würde er sich in folgender Weise merken: Boeing 707 und dann »Achtung! Achtung!«
Manchmal nutzt er auch die Daten bestimmter Feiertage: 158 ist der 15. August, Mariä Himmelfahrt. 612 ist Nikolaus, der 6. Dezember.

Ganz anders verhält es sich bei einer Autorin, die ich kennenlernte, als sie für einen Roman recherchierte. Ihre Hauptfigur ist ganz besonders matheversiert, und die Autorin wollte von mir wissen, wie es sich mit einer solchen mathematischen Veranlagung lebt, um ihre Protagonistin besser beschreiben zu können. Im Gegenzug bat ich sie, mir darüber Auskunft zu geben, wie sie sich Zahlen merkt.
Telefonnummern prägt sich meine Gesprächspartnerin visuell ein. Die Zahlenfolge sieht sie vor sich auf dem Telefon wie eine Tanzchoreographie: Bei der Nummer 2 079 geht es beispielsweise von der 2 oben in der Mitte drei Schritte gerade nach unten bis zur 0, dann einen Schritt schräg nach oben links zur 7 und dann wieder zwei Schritte nach rechts zur 9.
Bei Geburtstagen oder Zahlencodes hilft sich die Autorin oft mit kleinen Rechenaufgaben. Mal sind es Additionen, mal Subtraktionen, und manchmal muss sogar eine Wurzel gezogen werden. Einen Geburtstag am 23.6. würde sie sich folgendermaßen merken: Die Ziffern 2 und 3 des Datums ergeben miteinander multipliziert die Monatsziffer 6. Dass sie sich für jede Kombination einen eigenen Rechenweg merken muss, fällt ihr leichter, als sich die bloßen Zahlen zu merken.

Die dritte Person, mit der ich gesprochen habe, ist eine Frau, die Autos am Computer modelliert, ein Job, den sonst vor allem Männer machen. Sie erzählt, dass sie schon immer alles Visuelle in der Mathematik anzog, denn Zahlen oder Zusammenhänge gehören für sie mit Farben und Formen zusammen. »Ich sehe Zahlenbilder, in etwa grün-lebendig-saftig mit etwas herrlich goldenwarm Leuchtendem für die 29 und stolz-rot mit bronze-glockenklang-freundlich für die 53.«

Für die einstelligen Zahlen hat die Industrie-Designerin folgende Assoziationen: Die 1 ist »glänzend, kalt wie Schnee«, die 2 »wachsend, organisch wie Pflanzen«, die 3 »warm, freundlich, bronze, wie die Farbe, die man sieht, wenn man die Augen schließt«, die 4 ist »weit, klar und gewölbt wie ein klarer Himmel«, die 5 »stolz, heiß, etwas nervig«, dagegen die 6 »lieblich, schüchtern, wolkig«, die 7 »unheimlich, energiegeladen«, die 8 »schwer, riesig, einsam«, die 9 »golden, leuchtend, heiter« und schließlich die 0: »transparent und nass«.

Das waren jetzt eine ganze Menge Anregungen. Vielleicht können Sie die eine oder andere für sich nutzen.

Überkreuzmultiplikation für größere Zahlen

Wohin mit dem nassen Mantel? Sie hängen ihn erst mal über die Heizung und tragen Ihre Tüten in die Küche, um die verderblichen Lebensmittel in den Kühlschrank zu legen. Die Marzipanbrote nehmen Sie mit in Ihr Zimmer. Natürlich können Sie nicht widerstehen und brechen gleich mal eins an. Hm, lecker!

Die Unterlagen für Ihr Projekt liegen vor Ihnen auf dem Schreibtisch, und elf neue Mails warten auf Beachtung. Doch das Rechnen hat Sie gepackt, und Sie können jetzt nicht aufhören. Wenigstens die Multiplikation wollen Sie fertig bekommen. Und vielleicht können Sie das Gelernte auch gleich für Ihr Projekt einsetzen.

Die Fingermathematik eignet sich für Zahlen bis 100. Die nun folgende Überkreuzmultiplikation können Sie für beliebig große Zahlen einsetzen. Es gibt keine Grenze nach oben, d.h. man könnte theoretisch eine hundertstellige Zahl mit einer anderen hundertstelligen Zahl multiplizieren. Ich selbst habe eine derartige Aufgabe noch nie gerechnet, aber vielleicht sind Sie ja irgendwann fitter als ich. Wenn Sie zwei vier- oder fünfstellige Zahlen multiplizieren können, sind Sie aber auch schon ganz schön fit.

Im Grunde ist alles wie zuletzt bei der Fingermathematik, wo wir auch schon über Kreuz multipliziert haben. Der Unterschied ist, dass die zu multiplizierenden Zahlen jetzt aufgeschrieben werden. Und das Ergebnis darf ebenfalls notiert werden. In diesem Kapitel müssen Sie sich also weniger merken als in den Kapiteln zur Fingermathematik.

Um den Rechenweg zu erklären, nehme ich zunächst zwei zweistellige Zahlen und rechne:

$$32 * 47 = ?$$

Oder in der für diese Art von Rechnung gebräuchlicheren Schreibweise:

32
47

Statt wie bei der Fingermathematik von den Zehnern auszugehen, beginnen wir von hinten mit den Einern und tasten uns dann nach vorne.

Die Einerstelle des Ergebnisses erhalten wir, indem wir zunächst die Einerstellen der Aufgabenzahlen miteinander malnehmen. Also

$$2 * 7 = 14$$

```
3   2
    |
4   7
1   ___
   4
```

Von dem Ergebnis 14 schreiben wir die 4 als Einerstelle des Ergebnisses auf. Die 1 dient als Übertrag für die Berechnung der Zehnerstelle der Lösung. Diese 1 müssen Sie sich merken.

Die Zehnerstelle des Ergebnisses erhalten wir, indem wir zuerst die Zehnerstelle der ersten Zahl mit der Einerstelle der zweiten Zahl multiplizieren.

$3 * 7 = 21$

```
3   2
  \
4   7
```

Dann multiplizieren wir die Einerstelle der ersten Zahl mit der Zehnerstelle der zweiten Zahl.

$2 * 4 = 8$

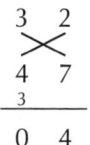

```
3   2
  ×
4   7
3
─────
0   4
```

Die Ergebnisse dieser beiden Produkte zählen wir nun zum Übertrag dazu.

$1 + 21 + 8 = 30$

Von dem Ergebnis 30 schreiben wir die 0 als Zehnerstelle des Ergebnisses auf. Die 3 dient als Übertrag für die Berechnung der Hunderterstelle der Lösung.

Für die Hunderterstelle des Ergebnisses multiplizieren wir die Zehnerstelle der ersten Zahl mit der Zehnerstelle der zweiten Zahl.

$3 * 4 = 12$

```
3   2
|
4   7
─────────
1   5   0   4
```

Das Ergebnis wird zum Übertrag aus dem vorherigen Rechenschritt gezählt.

$$3 + 12 = 15$$

Von dem Ergebnis 15 notieren wir die 5 als Hunderterstelle der Lösung. Die 1 ist unser Übertrag für die Berechnung der Tausenderstelle der Lösung.

Weil aber beide zu multiplizierenden Zahlen keine Ziffern jenseits der Zehnerstelle aufweisen, muss keine weitere Multiplikation durchgeführt werden. Denn das Ergebnis zweier zweistelliger Zahlen kann nie fünfstellig sein. Selbst wenn wir 99 * 99 multiplizieren würden, kämen wir nur auf ein vierstelliges Ergebnis, nämlich auf 9 801. Der Übertrag 1 ist deshalb hier schon unsere Tausenderstelle.

Die Lösung besteht aus den aufgeschriebenen Ziffern und lautet: 1 504.

Üben Sie nun die folgenden Aufgaben mit jeweils zwei zweistelligen Zahlen. Wenn Sie wollen, können Sie sie auch mit der Fingermathematik berechnen. Welche Parallelen zur Fingermathematik fallen Ihnen auf? Falls Sie es nicht selbst herausfinden, finden Sie die Erklärung bei den Lösungen im Anhang.

$$23 * 61 = ?$$
$$34 * 81 = ?$$
$$17 * 58 = ?$$
$$83 * 28 = ?$$
$$47 * 92 = ?$$

Nun wollen wir uns mit größeren Zahlen beschäftigen, was Sie auch in Ihrem Job öfter tun. Morgen haben Sie z.B. einen

Kundentermin, bei dem Sie in einer Wohnung gleich um die Ecke von Ihrem Büro das Aufmaß nehmen müssen. Flächen- und Raumberechnungen gehören für Architekten zum Standardrepertoire. Und wenn Sie Flächen- oder Räume berechnen, gehören Multiplikationen immer dazu.

Sie wissen schon, dass die Unterlagen vermutlich nicht mehr aktuell sind, weil der bisherige Eigentümer die Wohnung umgestaltet hat. Laut dem alten Plan soll das Esszimmer eine Länge von 6 Metern und 52 Zentimetern oder 652 Zentimetern und eine Breite von 5 Metern und 24 Zentimetern oder 524 Zentimetern aufweisen. Der bisherige Eigentümer behauptet, die Gesamtfläche würde nach dem Umbau über 37 Quadratmeter betragen. Mit Hilfe der Überkreuzmultiplikation wollen wir feststellen, auf welche Quadratmeterzahl wir kommen, wenn wir Länge und Breite des Raumes vor dem Umbau miteinander multiplizieren.

652 * 524 lautet die Aufgabe oder

652
524

Genauso wie bei den zweistelligen Zahlen beginnen wir mit den Einern und arbeiten uns dann nach vorne.

Die Einerstelle des Ergebnisses erhalten wir, indem wir zunächst die Einerstellen miteinander multiplizieren.

$2 * 4 = 8$

```
6   5   2
            |
5   2   4
        0
─────────────
            8
```

Weil das Ergebnis kleiner ist als 10, brauchen wir nur die 8 als Einerstelle des Ergebnisses zu notieren, der Übertrag ist Null.

Nun kommen wir zur Zehnerstelle des Ergebnisses.

Zuerst multiplizieren wir die Zehnerstelle der ersten Zahl mit der Einerstelle der zweiten Zahl.

$$5 * 4 = 20$$

```
6   5   2
     \
5   2   4
```

Dazu könnten Sie an dieser Stelle schon den Übertrag (in diesem Fall 0) verrechnen, damit Sie nur ein Zwischenergebnis im Kopf behalten müssen. Generell sollte der Übertrag direkt am Anfang verrechnet werden, damit er nicht über längere Zeit erinnert werden muss.

Als Nächstes wird die Einerstelle der ersten Zahl mit der Zehnerstelle der zweiten Zahl malgenommen.

$$2 * 2 = 4$$

```
6   5   2
       /
5   2   4
  2
_____
    4   8
```

Dann addieren wir die Ergebnisse:

$$0 + 20 + 4 = 24$$

Von dem Ergebnis 24 schreiben wir die 4 als Zehnerstelle des Ergebnisses auf. Die 2 ist der Übertrag für die Berechnung der Hunderterstelle der Lösung.

Nun zur Hunderterstelle des Ergebnisses.

Wir multiplizieren die Hunderterstelle der ersten Zahl mit der Einerstelle der zweiten Zahl.

$$6 * 4 = 24$$

$$
\begin{array}{ccc}
6 & 5 & 2 \\
& & \\
5 & 2 & 4
\end{array}
$$

Dann wird die Zehnerstelle der ersten Zahl mit der Zehnerstelle der zweiten Zahl multipliziert.

$$5 * 2 = 10$$

$$
\begin{array}{ccc}
6 & 5 & 2 \\
& | & \\
5 & 2 & 4
\end{array}
$$

Und schließlich die Einerstelle der ersten Zahl mit der Hunderterstelle der zweiten Zahl.

$$2 * 5 = 10$$

$$
\begin{array}{ccc}
6 & 5 & 2 \\
5 & 2 & 4 \\
\hline
4 & & \\
\hline
6 & 4 & 8
\end{array}
$$

Wir zählen unsere Ergebnisse wieder zum Übertrag dazu:

$$2 + 24 + 10 + 10 = 46$$

Von dem Ergebnis 46 schreiben wir die 6 als Hunderterstelle der Lösung auf. Die 4 ist der Übertrag für die Berechnung der Tausenderstelle der Lösung.
Für die Tausenderstelle des Ergebnisses wird zuerst die Hunderterstelle der ersten Zahl mit der Zehnerstelle der zweiten Zahl multipliziert.

$$6 * 2 = 12$$

$$
\begin{array}{ccc}
6 & 5 & 2 \\
& \diagdown & \\
5 & 2 & 4
\end{array}
$$

Dann die Zehnerstelle der ersten Zahl mit der Hunderterstelle der zweiten Zahl.

$$5 * 5 = 25$$

$$
\begin{array}{ccc}
6 & 5 & 2 \\
& \diagup & \\
5 & 2 & 4 \\
\hline
4 & & \\
\hline
1 & 6 & 4 & 8
\end{array}
$$

Dann zählen wir diese Ergebnisse wieder zum Übertrag dazu:

$$4 + 12 + 25 = 41$$

Von dem Ergebnis 41 schreiben wir die 1 als Tausenderstelle des Ergebnisses auf und merken uns die 4 als Übertrag für die Berechnung der Zehntausenderstelle.
Zum Schluss muss noch die Zehntausenderstelle ausgerechnet werden.

Hierfür muss nur die Hunderterstelle der ersten Zahl mit der Hunderterstelle der zweiten Zahl malgenommen und zum Übertrag addiert werden.

$6 * 5 = 30$
$4 + 30 = 34$

```
            6   5   2
            |
            5   2   4
    _____

    3   4   1   6   4   8
```

Von dem Ergebnis 34 schreiben wir die 4 als Zehntausenderstelle der Lösung auf. Die 3 bleibt als Übertrag für die Berechnung der Hunderttausenderstelle der Lösung. Da aber beide zu multiplizierenden Zahlen nur dreistellig sind und wir bereits alle Stellen der einen mit allen Stellen der anderen Zahl multipliziert haben, ist 3 schon die Hunderttausenderstelle der Lösung.

Die Lösung lautet also 341 648 und ergibt sich durch das Zusammenfügen der notierten Ziffern.

Wie groß ist nun das Esszimmer? Da ein Quadratmeter aus 10 000 Quadratzentimetern besteht (1 Quadratmeter = 1 Meter * 1 Meter = 100 cm * 100 cm = 10 000 cm^2), ergeben 341 648 Quadratzentimeter = 34,1648 Quadratmeter.

Nach den Angaben des alten Plans ist das Esszimmer also kleiner als 37 Quadratmeter, und Sie werden noch mal nachmessen müssen. Natürlich kann es durch den Umbau vergrößert worden sein, und der Plan müsste dann entsprechend angepasst werden.

Rechnen Sie die folgenden Aufgaben mit der Überkreuz-methode. Gehen Sie dabei einfach nach dem Schema vor, das ich bei der Beispielaufgabe verwendet habe.

245 * 823
184 * 492
462 * 734
34 * 385

Die letzte Aufgabe können Sie in der Form 034 * 385 schreiben und auf dem üblichen Weg berechnen.

Das Index-Prinzip und das Von-oben-links-nach-oben-rechts-Prinzip

Da Sie nun schon ein bisschen Erfahrung mit der Überkreuzmultiplikation haben, möchte ich Ihnen zeigen, wie Sie sicherstellen können, dass Sie richtig rechnen. Sie haben wahrscheinlich gemerkt, dass man beim Multiplizieren größerer Zahlen schnell durcheinander geraten kann. Man vergisst etwas, nimmt doppelt mal oder multipliziert die falschen Stellen miteinander. Zum Glück gibt es zwei Regeln, die Ihnen helfen, sich nicht zu verhaspeln.

Das Index-Prinzip und
das Von-oben-links-nach-oben-rechts-Prinzip

Beginnen wir mit dem Index-Prinzip. Es besagt Folgendes: Die Stellen der zu multiplizierenden Zahlen wie auch die Ergebnisstellen werden mit einem Index versehen. Der Index ist einfach eine ganze Zahl. Nur wenn die Summe der Indizes der zu multiplizierenden Zahlen dem Index der Ergebnisstelle entspricht, darf multipliziert werden. Klingt kompliziert? Hier folgt die Erklärung:

Dazu nenne ich unsere erste Zahl a, die zweite Zahl b und das Ergebnis c. Wir verwenden die Aufgabe aus dem vorigen Kapitel.

a = 652
b = 524
c = 341 648

Jede dieser Zahlen setzt sich aus mehreren Stellen zusammen. Diese Stellen werden jetzt von hinten nach vorne durchnummeriert, das heißt, Sie erhalten einen Index, der bei 0 beginnt. Die Einerstellen erhalten jeweils den Index 0, die Zehnerstellen den Index 1, die Hunderterstellen den Index 2 und so weiter.

$$a = a_2 a_1 a_0 = 652$$

a_2, die Hunderterstelle unserer ersten Zahl, ist eine 6 und sie hat den Index 2.

a_1, die Zehnerstelle unserer ersten Zahl, ist eine 5 und hat den Index 1.

Und a_0, die Einerstelle unserer ersten Zahl, ist eine 2 und hat den Index 0. Genauso erhalten wir die Stellen unserer zweiten Zahl mit $b = b_2 b_1 b_0 = 524$

Wir haben außerdem $c = c_5 c_4 c_3 c_2 c_1 c_0 = 341\,648$.

Wenn wir zwei dreistellige Zahlen miteinander multiplizieren, muss das Ergebnis fünf oder sechs Stellen haben. Schon die kleinstmögliche Aufgabe $100 * 100 = 10\,000$ hat als Ergebnis fünf Stellen. Die größtmögliche Aufgabe $999 * 999 = 998\,001$ hat als Ergebnis sechs Stellen. Bei unserer Aufgabe $652 * 524$ kann geschätzt werden, dass das Ergebnis sechs Stellen haben muss, indem man statt 652 600 und statt 524 500 nimmt. Das Ergebnis der Multiplikation von $600 * 500$ muss dann kleiner sein als das Ergebnis der Aufgabe $652 * 524$. Nun ist aber

$$600 * 500$$
$$= (6 * 100) * (5 * 100)$$
$$= (6 * 5) * (100 * 100)$$
$$= 30 * 10\,000 = 300\,000$$

Diese Zahl 300 000 ist sechsstellig. Also ist das größere Ergebnis der Aufgabe 652 * 524 erst recht sechsstellig.

Im Grunde können Sie sich das Schätzen sparen, weil sich im Laufe der Überkreuzmultiplikation von selbst ergibt, wie viele Stellen die Lösung hat. Trotzdem kann es nicht schaden, auf diese Weise ein wenig mit den Zahlen zu spielen, um eine Orientierung zu bekommen, wohin der Weg führt.

Generell gilt folgende Regel: Wenn wir eine n-stellige mit einer m-stelligen Zahl multiplizieren, hat das Ergebnis immer entweder n + m – 1 oder n + m Stellen.

Wir fangen wieder hinten an. Die Einerstelle des Ergebnisses c_0 hat den Index 0. Das Index-Prinzip besagt, dass wir für die Einerstelle nur dort multiplizieren dürfen, wo die Index-Summe der entsprechenden Stellen von a und b 0 ist. Das ist bei unserer Einerstelle nur bei $a_0 * b_0$ der Fall, weil nur 0 + 0 = 0. Einerstelle * Einerstelle

$$a_0 * b_0.$$
$$0 + 0 = 0$$

Um dieses Prinzip weiter zu verdeutlichen, testen wir einmal die anderen möglichen Multiplikationen.

Zehnerstelle der ersten Zahl * Einerstelle der zweiten Zahl

$$a_1 * b_0$$
$$1 + 0 = 1$$

Keine Null, das ist das Entscheidende. Genauso bei
Einerstelle der ersten Zahl * Zehnerstelle der zweiten Zahl

$$a_0 * b_1$$
$$0 + 1 = 1$$

Nun testen wir noch die beiden Zehnerstellen: $a_1 * b_1$

$$1 + 1 = 2$$

Wie Sie sehen, entfernen wir uns immer weiter von der Null. Wie schon erwähnt, dürfen wir, um unsere Einerstelle des Ergebnisses auszurechnen, nur dort multiplizieren, wo die Indexsumme Null ist.

Sie können jetzt einfach mal selbst probieren, was herauskommt, wenn Sie die Hunderterstellen einbeziehen, denn es gibt natürlich noch weitere Möglichkeiten.

Wir machen mit der Zehnerstelle weiter, für die wir eine Indexsumme von 1 brauchen. Sie können das jetzt auch leicht oben ablesen. Einerstelle * Einerstelle können wir weglassen, weil der Index Null ergibt.

Zehnerstelle der ersten Zahl * Einerstelle der zweiten Zahl

$$a_1 * b_0$$
$$1 + 0 = 1$$

Die Addition der Indizes ergibt 1. Hier wird multipliziert.

Einerstelle der ersten Zahl * Zehnerstelle der zweiten Zahl

$$a_0 * b_1$$
$$0 + 1 = 1$$

Diese Multiplikation müssen wir ebenfalls für die Zehnerstelle machen.

Nun testen wir nochmal die beiden Zehnerstellen: $a_1 * b_1$

$$1 + 1 = 2$$

Diese Multiplikation kommt für die Errechnung der Zehnerstelle also nicht in Frage, weil 2 statt 1 herauskommt.

Nun versuchen wir es, indem wir die Hunderterstellen einbeziehen:

Hunderterstelle der ersten Zahl * Einerstelle der zweiten Zahl

$$a_2 * b_0$$
$$2 + 0 = 2$$

Auch hier erhalten wir eine 2. Und die wollen wir für die Zehnerstelle nicht haben. Auch bei anderen Multiplikationen, in die Hunderterstellen mit dem Index 2 einbezogen werden, kann keine 1 herauskommen.

Um nun unsere Hunderterstelle zu errechnen, können wir einige Multiplikationen überspringen, die wir eben schon gemacht haben. Wir brauchen jetzt eine 2 als Indexsumme, wissen aber, dass:

Einerstelle * Einerstelle = 0

Zehnerstelle der ersten Zahl * Einerstelle der zweiten Zahl = 1

Einerstelle der ersten Zahl * Zehnerstelle der zweiten Zahl = 1

Hier müssen wir also nicht noch einmal hinschauen.

Wir haben aber auch schon gesehen, dass

Zehnerstelle der ersten Zahl * Zehnerstelle der zweiten Zahl

$$a_1 * b_1$$
$$1 + 1 = 2$$

und dass

Hunderterstelle der ersten Zahl * Einerstelle der zweiten Zahl

$$a_2 * b_0$$
$$2 + 0 = 2$$

und dass

Einerstelle der ersten Zahl * Hunderterstelle der zweiten Zahl

$a_0 * b_2$
$0 + 2 = 2$ gilt.

Wollten wir die Hunderterstellen mit einer Zehnerstelle multiplizieren, bekämen wir als Indexsumme eine 3 heraus, die beiden Hunderterstellen miteinander ergäben eine 4. Da wir hier aber eine 2 brauchen, gibt es genau drei Möglichkeiten $(2 + 0 = 2, 1 + 1 = 2$ und $0 + 2 = 2)$ und keine weitere.

Nun sind Sie dran: Bitte stellen Sie fest, welche Multiplikationen wir für unsere Tausender- und Zehntausenderstelle durchführen müssen. Das erscheint Ihnen möglicherweise kinderleicht, aber Sie werden das Weitere besser verstehen, wenn Sie es einmal selbst ausgetüftelt haben.

Wenn Sie bei einer Überkreuzmultiplikation durcheinander kommen, malen Sie sich einfach die Indizes unten an die Zahlen und an die noch unbekannten Stellen Ihres Ergebnisses und prüfen mit dem Index-Prinzip, ob Sie die richtigen Stellen miteinander multipliziert haben. Und lassen Sie sich nicht dadurch verwirren, dass wir Indizes addieren, obwohl wir ja eigentlich beim Multiplizieren sind!

Die zweite Regel, die Ihnen helfen soll, nicht durcheinander zu kommen, ist das Von-oben-links-nach-oben-rechts-Prinzip. Dieses Prinzip spielt nur innerhalb der Berechnung einer einzelnen Lösungsstelle eine Rolle. Es sagt Ihnen, in welcher Reihenfolge Sie vorgehen müssen, und sorgt dafür, dass Sie nichts vergessen.
Betrachten wir zum Beispiel die Zehnerstelle der Lösung. Anhand des Index-Prinzips wissen wir, welche Stellen mitein-

ander multipliziert werden müssen: nämlich die mit der Index-summe 1. Das sind in unserem Beispiel 652 * 524 die Zeh-nerstelle der oberen Zahl, die 5, mal der Einerstelle der unteren Zahl, die 4. Hier haben wir die Indexsumme 1, näm-lich 1 + 0 = 1. Außerdem muss auch noch die Einerstelle der oberen Zahl, die 2, mit der Zehnerstelle der unteren Zahl, der 2, multipliziert werden. Hier haben wir auch die Indexsumme 1, nämlich 0 + 1 = 1.

Und jetzt kommt das Von-oben-links-nach-oben-rechts-Prin-zip zum Einsatz, das für jede einzelne Ergebnisstelle zeigt, in welcher Reihenfolge die Zahlen miteinander multipliziert werden müssen. Nämlich links oben beginnend nach rechts oben fortsetzend. Damit Sie nicht blättern müssen, hier noch einmal unsere Zahlen:

652
524

Mit den Einerstellen halten wir uns nicht mehr auf, weil für sie nur eine einzige Multiplikation nötig ist. Das wissen wir durch das Index-Prinzip. Wir gehen deshalb direkt weiter zur Zehnerstelle.
Man fängt mit der Zehnerstelle der oberen Zahl an (5, des-halb von oben links), die man mit der Einerstelle der unteren Zahl (4) malnehmen muss. Dann geht man von oben links nach oben rechts, zur Einerstelle der oberen Zahl (2), die man mit der Zehnerstelle der unteren Zahl (2) multipliziert. Durch das Index-Prinzip wissen wir, dass hier keine weiteren Multiplikationen erforderlich sind.
Jetzt kommen wir zur Hunderterstelle der Lösungszahl und wenden auch hier das Von-oben-links-nach-oben-rechts-

Prinzip an. Wir multiplizieren die Hunderterstelle der ersten Zahl (6) mit der Einerstelle der zweiten Zahl (4). Jetzt gehen wir von der Hunderterstelle (6) zur Zehnerstelle (5) und multiplizieren diese mit der Zehnerstelle der unteren Zahl (2). Wir gelangen von der Zehnerstelle zur Einerstelle (2), die wir mit der Hunderterstelle der zweiten Zahl (5) multiplizieren. Wir gehen also bei der ersten Zahl, die gewöhnlich oben steht, von der Hunderterstelle links oben über die Zehnerstelle zur Einerstelle immer weiter nach rechts. Während wir bei der ersten Zahl links oben anfangen, gehen wir bei der zweiten Zahl, die gewöhnlich unten steht, von der Einerstelle rechts unten über die Zehnerstelle zur Hunderterstelle nach links unten.

Das Von-oben-links-nach-oben-rechts-Prinzip ist also einfach eine Orientierungshilfe für die Berechnung einer Ergebnisstelle.

15.29 Uhr Multiplikationen überprüfen mit der Neuner-Probe

Beim Kopfrechnen geht es immer um ein exaktes Ergebnis. Zumindest ist es in den Wettbewerben, an denen ich teilnehme, so. Da gibt es keine Punkte, nur weil man den Lösungsweg weiß, so wie man das vom Matheunterricht in der Schule her kennt.

Und obwohl das Index-Prinzip und Von-oben-rechts-nach-oben-links-Prinzip beim Multiplizieren sehr hilfreich sind, können speziell beim Addieren immer noch Irrtümer passieren.

Um das Irrtumsrisiko so weit wie möglich zu reduzieren, gibt es einige Kniffe, mit denen man Rechenirrtümer aufdecken kann. Diese kann man auch bei Wettbewerben einsetzen, denn einen Taschenrechner, mit dem man sein Ergebnis mal schnell überprüfen könnte, gibt es dort natürlich nicht.

Natürlich ist immer ein gewisser Aufwand nötig, um herauszufinden, ob ein Ergebnis korrekt ist. Mit ein bisschen Übung sollte es allerdings recht schnell gehen. Sie müssen sich aber überlegen, ob es Ihnen das wert ist. Ich selbst überprüfe meine Ergebnisse meistens nicht. Das liegt zum einen daran, dass mir nicht so wahnsinnig viele Fehler unterlaufen. Zum anderen gibt es bei Wettbewerben, an denen ich teilnehme, so viele Aufgaben zu rechnen, dass ich lieber so viele wie möglich löse, um Punkte zu bekommen, als dass ich die schon einmal berechneten überprüfe. Zwar geht es immer nur um Sekunden, aber die Sekunden summieren sich. Und bei einem Wettbewerb wie der Weltmeisterschaft im Kopfrechnen kommt es tatsächlich auf Sekunden an.

Aber es ist vielleicht auch wieder eine Typ-Frage: Manche Menschen machen alles gerne ganz ordentlich, andere fangen lieber schnell etwas Neues an. Sie selbst wissen am besten, welcher Typ Sie sind und ob das Überprüfen von Ergebnissen etwas für Sie ist.

Die Methode, die ich Ihnen hier vorstelle, heißt Neuner-Probe. Damit wird der sogenannte Neuner-Rest berechnet. Er ist das, was übrig bleibt, wenn man eine natürliche Zahl durch 9 teilt. Neuner-Reste sind ganz leicht zu ermitteln, hier ein Beispiel:
Zwei Zahlen werden mit Hilfe der Überkreuzmethode multipliziert. Dann prüfen wir mit der Neuner-Probe, ob das Ergebnis stimmt.
12 * 47 = 564 lautet unsere Aufgabe.

Die Neuner-Probe erfolgt in vier Schritten.
Schritt 1 Berechnung des Neuner-Rests der ersten Zahl.
Wenn wir eine beliebige Zahl durch 9 teilen, ergibt sich ein Rest, der zwischen 0 und 8 liegen muss.
In unsere erste Zahl 12 geht die 9 einmal hinein. Es bleibt ein Rest von 3. Diese 3 ist der Neuner-Rest der Zahl 12.
Auch wenn Ihnen Grundkenntnisse in der Division fehlen, können Sie den Neuner-Rest ermitteln. Sie brauchen nämlich einfach nur die einzelnen Ziffern der Zahl zu addieren, mit anderen Worten, die Quersumme zu berechnen. Das ist Ihr Neuner-Rest, wenn er zwischen 0 und 8 liegt. Wenn die Quersumme größer als 8 ist, bilden Sie so lange erneut die Quersumme von der Quersumme, bis sie zwischen 0 und 8 liegt. (Zwischen 0 und 8 bedeutet immer einschließlich 0 und 8.)

Dazu nennen wir unsere erste Zahl wieder a wie Anton, die zweite b wie Berta, das Ergebnis c wie Cäsar. Dann nummerieren wir die einzelnen Stellen durch. Die Einerstelle ist wieder a_0, die Zehnerstelle a_1, usw.

$$a = a_1a_0 = 12$$

Jetzt addieren wir einfach die einzelnen Stellen und ermitteln die Quersumme.

$$a_1 + a_0$$
$$= 1 + 2 = 3$$

Der Neuner-Rest von 12 ist 3.

Schritt 2   Berechnung des Neuner-Rests der zweiten Zahl, b.

$$b = b_1b_0 = 47$$

Auch hier genügt es, einfach die Stellen zu addieren.

$$b_1 + b_0$$
$$= 4 + 7 = 11$$

Nun befindet sich das Ergebnis hier aber nicht zwischen 0 und 8. Weil der Neuner-Rest immer zwischen 0 und 8 liegen muss, addieren wir einfach die Ziffern des Zwischenergebnisses 11 und erhalten

$$1 + 1 = 2$$

Die 2 ist hier also unser Neuner-Rest. Wenn Sie die Gegenprobe machen wollen, werden Sie feststellen, dass die 9 5-mal in die 47 hineingeht ($5 * 9 = 45$) und dass ein Rest von 2 bleibt. D.h. die 2 ist tatsächlich der Neuner-Rest.

Schritt 3 Wir berechnen den Neuner-Rest des Ergebnisses, das wir c nennen.

$$c = c_2 c_1 c_0 = 564$$

Auch hier addieren wir einfach die Stellen des Ergebnisses.

$$c_2 + c_1 + c_0$$
$$= 5 + 6 + 4 = 15$$

Weil 15 nicht zwischen 0 und 8 liegt, müssen wir die Stellen des Zwischenergebnisses 15 abermals addieren und erhalten

$$1 + 5 = 6$$

Jetzt sind wir am Ziel, weil die 6 zwischen 0 und 8 liegt. Die 6 ist also der Neuner-Rest von 564.

Schritt 4 Im letzten Schritt brauchen wir nur noch die beiden Neuner-Reste der zu multiplizierenden Zahlen a und b miteinander zu multiplizieren und das Ergebnis mit dem Neuner-Rest des Ergebnisses c zu vergleichen.

$$3 * 2 = 6$$

Da c ebenfalls den Neuner-Rest 6 aufweist, stimmt die Gleichung: $a * b = c$

Die Neuner-Probe bestätigt also das gefundene Ergebnis. Die Wahrscheinlichkeit, dass die Multiplikation $12 * 47 = 564$ stimmt, ist hoch. Allerdings ist die Neuner-Probe keine Garantie, dass das Ergebnis auch wirklich richtig ist.

Nehmen wir einmal an, wir wären bei der Multiplikation $12 * 47$ zu einem anderen Ergebnis gelangt, sagen wir 562, dann hätte die Neuner-Probe auf jeden Fall Alarm geschlagen.

Für das Ergebnis 562 hätten wir in Schritt 3 einen anderen Neuner-Rest erhalten. Die Schritte 1 und 2 wären dagegen unverändert, weil die zu multiplizierenden Zahlen unverändert geblieben sind.

Wir addieren erneut die Stellen c_2, c_1 und c_0 und erhalten:

$$5 + 6 + 2 = 13$$

Weil 13 nicht zwischen 0 und 8 liegt, addieren wir die beiden Stellen des Zwischenergebnisses 13 und erhalten:

$$1 + 3 = 4$$

Das Ergebnis von $2 * 3$ ist aber nicht 4, sondern 6, deshalb ist laut Neuner-Probe das Ergebnis 562 falsch. Wann immer die Neuner-Probe einen Alarm liefert, können Sie davon ausgehen, dass Sie falsch gerechnet haben.

Nun kann es aber auch vorkommen, dass die Neuner-Probe trotz eines falschen Ergebnisses *keinen* Alarm liefert. Ein Beispiel für einen solchen Fall wäre es, wenn wir statt der korrekten 564 oder der falschen 562 das ebenso falsche Ergebnis 546 errechnet hätten.

Schritt 1 und 2 hätten wieder dasselbe Ergebnis gebracht. Bei Schritt 3 hätte sich mit dem falschen Multiplikationsergebnis folgender Neuner-Rest ergeben:

$$5 + 4 + 6 = 15$$

Weil 15 nicht zwischen 0 und 8 liegt, werden die beiden Stellen des Zwischenergebnisses 15 addiert:

$$1 + 5 = 6$$

Die Neuner-Probe signalisiert keinen Fehler, denn 2 * 3 ist ja auch 6. Aus der Tatsache, dass die Neuner-Probe keinen Alarm liefert, folgt also leider nicht, dass das ermittelte Ergebnis richtig ist. Das Ergebnis 564 stimmt und das Ergebnis 546 ist falsch. Nur wenn das falsche Ergebnis einen Neuner-Rest aufweist, der von 6 abweicht, kann die Neuner-Probe einen Rechenirrtum aufdecken, ansonsten bleibt der Irrtum unbemerkt. Dies ist natürlich ein sehr seltener Fall, und meistens schrillt der Alarm laut los, wenn sich ein Fehler eingeschlichen hat. Nur können Sie sich eben nicht hundertprozentig auf die Neuner-Probe verlassen. Das Restrisiko für einen Irrtum ist bei erfolgreicher Neuner-Probe jedenfalls deutlich geringer als ohne Neuner-Probe.

Es geht aber noch einfacher. Man kann den Neuner-Rest nämlich auch in einer Tabelle ablesen. Die Nuller-Zeile und die Nuller-Spalte haben wir weggelassen, weil sie sich jeweils nur aus Nullen zusammensetzen. Wenn nämlich mindestens eine zu multiplizierende Zahl einen Neuner-Rest von 0 aufweist, dann hat das Produkt auch immer den Neuner-Rest 0. Mit anderen Worten: Wenn eine zu multiplizierende Zahl ein Vielfaches von 9 ist, muss das Produkt dieser Zahl mit einer anderen Zahl erst recht ein Vielfaches von 9 sein.

	9er-Rest der zu multiplizierenden Zahl a (1. Zahl)							
	1	2	3	4	**5**	6	7	8
	2	4	6	8	1	3	5	7
	3	6	0	3	6	0	3	6
	4	8	3	7	2	6	1	5
	5	1	6	2	7	3	8	4
	6	3	0	6	3	0	6	3
	7	5	3	1	**8**	6	4	2
	8	7	6	5	4	3	2	1

(Die linke Beschriftung: 9er-Rest der zu multiplizierenden Zahl b (2. Zahl))

Beispiel: Der Neuner-Rest der Zahl 581 ist

$$5 + 8 + 1 = 14$$

Weil 14 nicht zwischen 0 und 8 liegt, addieren wir unsere Zahlen einfach weiter.

$$1 + 4 = 5$$

Der Neuner-Rest der Zahl 124 ist

$$1 + 2 + 4 = 7$$

In der Tabelle lesen wir jetzt einfach ab, was an der Schnittstelle von 5 und 7 steht. In unserem Fall die 8 (jeweils gekennzeichnet).

Angenommen, wir hätten mit der Überkreuzmultiplikation das Ergebnis 581 * 124 = 72 044 gefunden.

Dann ist der Neuner-Rest von 72 044

$$= 7 + 2 + 0 + 4 + 4 = 17$$

Und weil 17 nicht zwischen 0 und 8 liegt, müssen wir die Ziffern des Zwischenergebnisses 17 addieren

$$1 + 7 = 8$$

Somit ist das Ergebnis 72 044 mit hoher Wahrscheinlichkeit richtig.

Wieso können für die Ermittlung des Neuner-Restes einer Zahl einfach deren Stellen addiert werden?

Bei Zahlen mit einer 1 vorne und einer beliebigen Zahl von folgenden Nullen, also 1, 10, 100, 1 000, usw. ist der Neuner-Rest immer 1. Der Neuner-Rest von 1 ist 1, weil in die 1 Null mal die 9 passt und 1 übrig bleibt. Die Zahl 10 ist um 9 ($= 1 * 9$) größer als die 1. Deshalb muss der Neuner-Rest von 10 ebenso 1 sein. Die Zahl 100 ist um 90 ($= 10 * 9$) größer als die 10. Deshalb muss der Neuner-Rest von 100 ebenso 1 sein. Die Zahl 1 000 ist um 900 ($= 100 * 9$) größer als die 100. Deshalb muss der Neuner-Rest von 1 000 ebenso 1 sein. Entscheidend ist, dass die Unterschiede 9, 90, 900, und so weiter immer ein Vielfaches von 9 ausmachen. Wenn sich zwei Zahlen um ein Vielfaches von 9 unterscheiden, müssen deren Neuner-Reste gleich sein.

Ebenso verhält es sich bei Zahlen, die mit einer 2 beginnen, also 2, 20, 200, 2 000 und so weiter: Hier ergibt sich stets der Neuner-Rest 2. In die 2 geht keinmal die 9, als Rest bleibt 2 übrig. Die 20 ist um 18 ($= 2 * 9$) größer als die 2, deshalb ist der Neuner-Rest von 20 auch 2. Und so geht es immer weiter. Auch hier gilt: Wenn sich zwei Zahlen um ein Vielfaches von 9 unterscheiden, müssen deren Neuner-Reste gleich sein.

Genauso sieht es bei den anderen Zahlen aus: Die Neuner-Reste von 3, 30, 300, 3 000 und so weiter sind stets 3, ebenso wie die Neuner-Reste von 4, 40, 400, 4 000 immer 4 sind. 5, 6, 7 und 8 verhalten sich genauso. Und besonders einfach sind 9, 90, 900, 9 000 und so weiter. Deren Neuner-Reste sind immer 0, weil die Zahlen selbst das Ein- oder Vielfache von 9 sind.

Plötzlich klingelt Ihr Telefon. Ihr Sohn Jonas ist dran. Er interessiert sich leidenschaftlich für Ritter und Burgen und hat dafür eine eigene Facebook-Seite eingerichtet. Stolz erzählt er Ihnen, dass schon wieder zwei Leute seine Seite »geliked« haben und er jetzt 1 463 Fans hat, die seinen Posts folgen. Aus der Statistik kann man ersehen, dass jeder im Durchschnitt 19mal pro Monat die Seite besucht. Jetzt will Jonas wissen, wie oft im Monat auf seine Seite geschaut wird.
Gemeinsam multiplizieren Sie die Zahlen nach der Überkreuzmethode. Ich gehe die einzelnen Rechnungen noch einmal Schritt für Schritt durch. Sie können gerne parallel selbst rechnen und Ihr Ergebnis mit meinem vergleichen. Eigentlich müssten Sie es schon können!

$$1\,463$$
$$19$$

Zuerst werden wieder die Einerstellen der beiden Zahlen miteinander malgenommen.
(Entspricht Stellenkombi 0 + 0 = 0 nach dem Index-Prinzip.)

$$3 * 9 = 27$$

```
1   4   6   3
            |
        1   9
         2
            7
```

Wir notieren die 7 als Einerstelle des Ergebnisses und merken uns die 2 als Übertrag.

Nun kommen wir zur Zehnerstelle. Dazu multiplizieren wir die Zehnerstelle der ersten Zahl mit der Einerstelle der zweiten Zahl.

(Entspricht Stellenkombi 1 + 0 = 1)

$6 * 9 = 54$

```
1   4   6   3
          \
        1   9
```

Dann die Einerstelle der ersten Zahl mit der Zehnerstelle der zweiten Zahl.

(Entspricht Stellenkombi 0 + 1 = 1)

$3 * 1 = 3$

```
1   4   6   3
          /
        1   9
         5
        9   7
```

Dann rechnen wir diese beiden Ergebnisse mit dem Übertrag zusammen:

$2 + 54 + 3 = 59$

9 wird als Zehnerstelle des Ergebnisses notiert. 5 ist unser neuer Übertrag für die Hunderterstelle.

Jetzt die Hunderterstelle:

Hunderterstelle der ersten Zahl multipliziert mit Einerstelle der zweiten Zahl.

(Entspricht Stellenkombi 2 + 0 = 2)

$$4 * 9 = 36$$

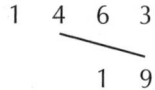

Zehnerstelle mal Zehnerstelle.

(Entspricht Stellenkombi 1 + 1 = 2)

$$6 * 1 = 6$$

```
1   4   6   3
        |
        1   9
    4
  _____
    7   9   7
```

Die Ergebnisse der Multiplikationen werden wieder addiert und der Übertrag dazugezählt:

$$5 + 36 + 6 = 47$$

7 ist unsere Hunderterstelle und 4 der neue Übertrag für die Tausenderstelle.

Die Tausenderstelle:

Tausenderstelle der ersten Zahl mal Einerstelle der zweiten Zahl.

(Entspricht Stellenkombi 3 + 0 = 3)

$$1 * 9 = 9$$

```
1   4   6   3
_____
        1   9
```

Hunderterstelle der ersten Zahl mal Zehnerstelle der zweiten Zahl.
(Entspricht Stellenkombi 2 + 1 = 3)

$$4 * 1 = 4$$

```
1   4   6   3
        1   9
  1
_____
7   7   9   7
```

Nun wird wieder alles addiert, inklusive den Übertrag 4:

$$4 + 9 + 4 = 17$$

Die Tausenderstelle des Ergebnisses ist 7. Der Übertrag für die Zehntausenderstelle ist 1.
Die Zehntausenderstelle:
Tausenderstelle der ersten Zahl mal Zehnerstelle der zweiten Zahl.
(Entspricht Stellenkombi 3 + 1 = 4)

$$1 * 1 = 1$$

```
1   4   6   3
        1   9
_____
2   7   7   9   7
```

Ergibt zusammen mit dem Übertrag 1:

$$1 + 1 = 2$$

Die Zehntausenderstelle ist also die 2.

Einen weiteren Übertrag gibt es nicht. Außerdem muss die Rechnung auch nach dem Index-Prinzip und dem Von-oben-rechts-nach-oben-links-Prinzip beendet sein, weil wir alle 4 * 2 = 8 Einzelmultiplikationen berücksichtigt haben.

Das Ergebnis lautet 27 797. Es ergibt sich durch Zusammenfügen der einzelnen Lösungsstellen.

Jetzt wollen wir es noch mit der Neuner-Probe überprüfen.

Zuerst addieren Sie die Stellen der ersten Zahl

$$1 + 4 + 6 + 3 = 14$$

Dann addieren wir die Stellen des Zwischenergebnisses

$$1 + 4 = 5$$

Der Neuner-Rest der ersten Zahl ist also 5.

Zur schnelleren Berechnung des Neuner-Restes der Zahl 1 463 können Sie alternativ direkt die Ziffern 6 und 3, die in der Summe 9 ergeben, streichen. So kommen Sie auf direktem Wege zur Quersumme 5.

Jetzt addieren Sie die Stellen der zweiten Zahl

$$1 + 9 = 10$$

Und weil sie größer ist als 8, addieren Sie wieder die Stellen des Ergebnisses

$$1 + 0 = 1$$

Auch hier können Sie die 9 der 19 streichen und erhalten direkt die Quersumme 1.

Da 5 mal 1 gleich 5 ist, müsste unser Ergebnis den Neuner-Rest 5 haben, wie Sie auch der Tabelle entnehmen können. Wir rechnen noch den Neuner-Rest unseres Ergebnisses aus.

$$2 + 7 + 7 + 9 + 7 = 32$$
$$3 + 2 = 5$$

Die Wahrscheinlichkeit ist also hoch, dass wir richtig gerechnet haben. Eine Garantie gibt es mit der Neuner-Probe leider nie!

 Zur Übung multiplizieren Sie nun bitte folgende Zahlen, und überprüfen Ihr Ergebnis mit Hilfe der Neuner-Probe.

1. 332 * 811
2. 156 * 4 281
3. 92 512 * 2 567
4. 28 452 * 19 472
5. 387 892 * 21 937

Multiplikationen überprüfen mit der Elfer-Probe

11 Jonas hat Ihnen versprochen, sich als Erstes um seine Hausaufgaben zu kümmern, aber Sie haben den Verdacht, dass er erst mal sehen will, was in den letzten Minuten so bei facebook passiert ist. Trotzdem hoffen Sie, dass Sie ihn durch das gemeinsame Rechnen animiert haben, endlich mit den Mathe-Aufgaben zu beginnen, und brechen sich zur Belohnung noch ein Stück von Ihrem Marzipanbrot ab.

Weil Sie nun selbst ganz sicher sein wollen, dass Ihr Multiplikationsergebnis stimmt, und die Neuner-Probe keine vollständige Sicherheit gibt, überprüfen Sie die Multiplikation zusätzlich mit der Elfer-Probe. Wie die Neuner-Probe ist auch die Elfer-Probe mit nicht allzu viel Zeitaufwand durchführbar. Wollen Sie überprüfen, ob Sie korrekt multipliziert haben, können beide Proben nützlich sein, weil der Aufwand der Probe im Verhältnis zum Rechenaufwand ein sehr geringer ist. Ich setze die Proben meist dann ein, wenn Rechenergebnisse eine wirtschaftliche Bedeutung haben. Also z.B. wenn ich wissen will, ob die 36 49-Cent-Marzipanbrote wirklich 17,64 € kosten.

Strenggenommen kann weder mit der Neuner- noch mit der Elfer-Probe das Ergebnis als »richtig« bestätigt werden, allerdings decken die Proben einen Rechenirrtum mit hoher Wahrscheinlichkeit auf. Wenn nämlich beide Proben für die Richtigkeit des Rechenergebnisses sprechen, verringert sich die Irrtumswahrscheinlichkeit um über 98 %. »Da nehme ich doch einfach den Taschenrechner«, sagt sich jetzt vielleicht der eine oder andere. »So ein Zirkus, und dann ist es immer noch nicht ganz sicher.« Genau das sollten Sie nicht tun! Betrachten Sie die Neuner- und die Elfer-Probe als eigene Rechenverfahren, die Sie hier erlernen. Sie schulen damit Ihr Gedächtnis sowie Ihre Additions- und Multiplikationsfähigkeiten.

Die Elfer-Probe funktioniert ähnlich wie die Neuner-Probe, nur eben mit der 11. Bei dieser Probe werden außerdem nicht alle Stellen einer Zahl addiert, sondern einige müssen auch subtrahiert werden.

Die Elfer-Probe wird ebenfalls in vier Schritten durchgeführt. Wir wollen überprüfen, ob $17 * 53 = 901$ richtig ist.

Das haben wir mit der Überkreuzmultiplikation ermittelt, und Sie könnten es zuerst vielleicht einmal nachrechnen.

Damit es übersichtlich bleibt, nenne ich unsere erste Zahl wieder a, die zweite Zahl b und das Ergebnis c.

$$a = 17$$
$$b = 53$$
$$c = 901$$

Im ersten Schritt berechnen wir den Elfer-Rest der Zahl a. Wenn wir die Zahl a durch 11 teilen, ergibt sich ein Rest, der zwischen 0 und 10 liegen muss. In die 17 geht die 11 einmal. Es bleibt ein Rest von 6. Die 6 ist der Elfer-Rest der Zahl 17. Auch hier gibt es eine Methode, den Elfer-Rest ganz ohne Division zu ermitteln. Sie erinnern sich an das Index-Prinzip? Wir haben dort einfach jeder Stelle einen Index zugeteilt, die erste Stelle von hinten, also die Einerstelle, bekam die 0, die zweite, also die Zehnerstelle, bekam eine 1 und so weiter.

Wir addieren bei unserer Zahl zunächst einfach die Stellen mit geradem Index und subtrahieren anschließend die Stellen mit ungeradem Index.

Im Fall der 17 hat die 7 den Index 0 und die 1 den Index 1.

$$17 = a_1 a_0$$

Die a_0 ist gerade, die a_1 ist ungerade. Deshalb rechnen wir einfach

$$a_0 - a_1$$
$$= 7 - 1 = 6$$

Der Elfer-Rest von 17 ist 6.

Für den zweiten Schritt berechnen wir den Elfer-Rest der Zahl b, unserer zweiten Zahl. Auch hier genügt es, einfach die geraden Stellen zu addieren und die ungeraden abzuziehen.

$$b = b_1 b_0 = 53$$
$$b_0 - b_1$$
$$= 3 - 5 = -2$$

In diesem Fall ist das Ergebnis negativ. Weil ein Elfer-Rest immer zwischen 0 und 10 liegen muss, behelfen wir uns, indem wir einfach 11 addieren. Immer dann, wenn der Elfer-Rest nicht zwischen 0 und 10 liegt, wird so lange 11 addiert oder subtrahiert, bis der Elfer-Rest im gewünschten Korridor liegt. Wir rechnen:

$$-2 + 11 = 9$$

Und schon haben wir den gewünschten Elfer-Rest. Wenn Sie nachrechnen, stellen Sie fest, dass die 11 vier Mal in die 53 geht (4 * 11 = 44) und dass bis 53 noch 9 übrig bleiben.

Nun berechnen wir den Elfer-Rest des Ergebnisses $c = c_2 c_1 c_0$
$= 901$
Auch hier dürfen wir einfach die geraden Stellen des Ergebnisses addieren und die ungeraden subtrahieren. Wir rechnen deshalb

$$c_0 + c_2 - c_1$$
$$= 1 + 9 - 0 = 10$$

Damit beträgt der Elfer-Rest von 901 10.
Wir brauchen jetzt nur noch die beiden Elfer-Reste der zu multiplizierenden Zahlen a und b miteinander zu multiplizieren.

$$6 * 9 = 54$$

Jetzt wird die von ihrem Index her ungerade Zehnerstelle der 54 von der geraden Einerstelle abgezogen

$$4 - 5 = -1$$

Da wir eine Zahl erhalten, die nicht zwischen 0 und 10 liegt, addieren wir wieder 11 dazu.

$$-1 + 11 = 10$$

In diesem Fall hat die Elfer-Probe das gefundene Ergebnis bestätigt. Die Wahrscheinlichkeit, dass die Multiplikation $17 * 53 = 901$ stimmt, ist hoch. Wären wir bei der Multiplikation $17 * 53$ zu einem anderen Ergebnis gelangt, dann hätte die Elfer-Probe mit einer hohen Wahrscheinlichkeit einen »Alarm« geliefert.
Auch für die Elfer-Probe gibt es wieder eine Tabelle, mit der man aus den Elfer-Resten der Zahlen a und b den Elfer-Rest des Ergebnisses c ableitet.

Die Nuller-Zeile und die Nuller-Spalte habe ich wie beim Neuner-Rest weggelassen, weil sie sich jeweils nur aus Nullen zusammensetzen. Wenn mindestens eine zu multiplizierende Zahl einen Elfer-Rest von 0 aufweist, dann hat auch das Produkt immer den Elfer-Rest 0.

	11er-Rest der zu multiplizierenden Zahl a									
	1	2	3	**4**	5	6	7	8	9	10
11er-Rest der zu multiplizierenden Zahl b	2	4	6	8	10	1	3	5	7	9
	3	6	9	1	4	7	10	2	5	8
	4	8	1	5	9	2	6	10	3	7
	5	10	4	9	3	8	2	7	1	6
	6	1	7	2	8	3	9	4	10	5
	7	3	10	6	2	9	5	1	8	4
	8	5	2	10	7	4	1	9	6	3
	9	7	5	**3**	1	10	8	6	4	2
	10	9	8	7	6	5	4	3	2	1

Die Tabelle funktioniert genau wie die Neuner-Rest-Tabelle: Wenn der Elfer-Rest der Zahl a = 4 ist und der Elfer-Rest der Zahl b = 9, dann finden Sie an der Schnittstelle von 4 und 9 die 3 (jeweils gekennzeichnet). Diese 3 ist der Elfer-Rest des Ergebnisses c.

Wieso können für die Ermittlung des Elfer-Restes einer Zahl einfach die Stellen mit geradem Index addiert und die Stellen mit ungeradem Index abgezogen werden?

Betrachten wir die Serie der Zahlen mit dem Anfang 1 gefolgt von beliebig vielen weiteren Nullen, also 1, 10, 100, 1 000 usw., dann stellen wir fest, dass der Elfer-Rest von 1 1 ergibt, weil die 11 0-mal in die 1 passt und 1 übrig bleibt. Bei der Zahl 10 ist der Elfer-Rest 10, weil die 11 keinmal in die 10 geht und 10 übrig bleiben. Der Elfer-Rest von 10 entspricht dem Elfer-Rest von –1, weil zwischen den beiden Zahlen genau 11 liegt.

Man kann hier beliebig weitermachen und stellt dann fest, dass die Elferreste immer zwischen 1 und –1 hin und her pendeln. Die 100 also wieder die 1 hat, die 1 000 die –1.

Ziffern mit geradem Index haben einen positiven Elfer-Rest (1) und Ziffern mit ungeradem Index einen negativen (–1). In gleicher Weise trifft dies auf die Zahlenreihe 2, 20, 200, 2 000, … zu. Hier ergibt sich stets im Wechsel der Elfer-Rest 2 und –2. Und so geht es dann mit 3, 30, 300, 3 000, … oder 4, 40, 400, 4 000, … weiter.

Fassen wir zusammen: Egal, wo die 1, 2, 3 usw. in einer Zahl steht, sie trägt für den Elfer-Rest der Gesamtzahl immer ihren Wert 1, 2, 3 usw. bei, wenn sie auf einer Stelle mit einem geraden Index steht (Einerstelle, Hunderterstelle, usw.) und ihren negativen Wert, wenn sie auf einer Stelle mit einem ungeraden Index steht (Zehnerstelle, Tausenderstelle, usw.). Deshalb müssen für die Bestimmung des Elfer-Restes einer Zahl einfach nur deren Stellen abwechselnd addiert oder subtrahiert werden.

Wieder klingelt Ihr Telefon. Ihr Sohn hat seine facebook-Aktivitäten beendet und sich seinen Hausaufgaben zugewandt. Sie wundern sich ein bisschen, dass er nicht auch seine Aufgaben gemeinsam mit seinen Klassenkameraden auf face-book macht und stattdessen Sie anruft. Vielleicht will er Ihnen einfach zeigen, dass er »dran« ist. Folgende Aufgabe wollen Sie nun gemeinsam lösen:

Bei einem Sportfest werden für den Weitsprung Punkte verge-ben. Für jeden Meter 255 Punkte. Anton springt kolossale 4,73 Meter. Ab 1 200 Punkten gibt es eine Urkunde. Bekommt Anton eine Urkunde für seinen Sprung? Das Ergebnis soll ausgerechnet werden und dann mit Neuner- und Elfer-Probe überprüft werden.

Zunächst multiplizieren Sie die Zahlen $a = a_2a_1a_0 = 255$ und $b = b_2b_1b_0 = 473$ mit der Überkreuzmethode. Das Komma bei der 4,73 können Sie einfach ignorieren und rechnen:

255
473

Die Überkreuzmultiplikation machen Sie vielleicht einmal für sich. Das Ergebnis lautet 120615. Da wir das Komma ignoriert hatten, also statt in Metern in Zentimetern gerechnet haben, müssen wir nun noch die Zahl 120615 durch 100 teilen, um die Punktzahl zu erhalten. Dafür haben wir ein-fach das Komma um zwei Stellen nach links verschoben. Denn pro Zentimeter gibt es nur jeweils 2,55 Punkte. Das Ergebnis ist 1 206,15 Punkte.

Für die Neuner-Probe addieren Sie zunächst die Stellen der ersten Zahl

$2 + 5 + 5 = 12$

Dann addieren wir die Stellen unseres Ergebnisses

$1 + 2 = 3$

Jetzt addieren Sie die Stellen der zweiten Zahl

$4 + 7 + 3 = 14$

Auch hier addieren wir die Stellen des Ergebnisses

$1 + 4 = 5$

Nach unserer Neuner-Rest-Tabelle müsste das Produkt der Neuner-Reste von 3 und 5 nun den Neuner-Rest 6 ergeben. Und auch wenn wir es extra noch mal ausrechnen, kommen wir auf 6.

$1 + 2 + 0 + 6 + 1 + 5 = 15$

Wir addieren wieder die beiden Stellen

$1 + 5 = 6$

Die Neuner-Probe gibt keinen Alarm, so dass das Ergebnis mit hoher Wahrscheinlichkeit richtig ist.

Sicherheitshalber überprüfen wir das Ganze noch mal mit der Elfer-Probe. Um den Elfer-Rest der Zahl a zu ermitteln, schauen wir uns zunächst wieder die Indizes an.
Die geraden Zahlen, also a_2 und a_0, werden addiert, die ungerade, also a_1, wird subtrahiert.

$a = a_2 a_1 a_0 = 255$
$a_2 - a_1 + a_0$
$= 2 - 5 + 5 = 2$

Genauso verfahren wir mit der Zahl b.

$b = b_2 b_1 b_0 = 473$
$b_2 - b_1 + b_0 = 4 - 7 + 3 = 0$

Zusätzlich rechnen wir auch noch den Elfer-Rest des Ergebnisses 120 615 »zu Fuß« aus.

$$2 + 6 + 5 - 1 - 0 - 1$$
$$= 13 - 2 = 11$$

Hier habe ich zuerst die geraden Stellen ($c_4 + c_2 + c_0$) addiert und dann die ungeraden Stellen ($c_5 + c_3 + c_1$). Dann habe ich einfach die Summe der ungeraden Stellen von der Summe der geraden Stellen abgezogen. Ein recht sicheres Verfahren, das wiederholtes Subtrahieren vermeidet.

Zum Schluss ziehe ich 11 von 11 ab und erhalte den Elfer-Rest 0. Die 11 müssen Sie immer so lange abziehen oder addieren, bis Sie in den Bereich zwischen 0 und 10 (jeweils einschließlich) gekommen sind.

Auch die Elfer-Probe hat keinen Alarm ergeben. Unser Ergebnis 120 615 bzw. 1 206,15 Punkte ist mit sehr hoher Wahrscheinlichkeit richtig, weil sowohl die Neuner- als auch die Elfer-Probe keinen Alarm gegeben haben. Somit hat Anton mit seiner Leistung (1 206,15 Punkte) Anspruch auf eine Urkunde.

Das waren jede Menge neue Rechenwege, die Sie sich merken können. Deshalb hier vier Aufgaben zum Üben. Multiplizieren Sie folgende Zahlen und überprüfen Sie Ihr Ergebnis mit Hilfe der Neuner- und der Elfer-Probe.

1. 624 * 2 931
2. 1 356 * 7 534
3. 17 823 * 57 291
4. 247 911 * 37 823

17.10 Uhr Dividieren in der Reinigung

 Feierabend! Nicht, dass Sie heute allzu viel geschafft hätten. Alles in allem war es eher ein Fortbildungstag. Doch Ihre verbesserten Kopfrechenfähigkeiten werden in Zukunft ja auch Ihrer Firma zugute kommen.

Ihnen fällt ein, dass Sie vor dem Nachhausefahren noch Sachen aus der Reinigung gegenüber abholen müssen.

Die erste Position auf Ihrem Kassenzettel sind 18,00 € für 4 Hosen. Sie wollen nun wissen, wie teuer die Reinigung einer Hose ist.

$$
\begin{array}{l}
18,00 : 4 = 4,50 \\
\underline{16} \\
2\,0 \\
\underline{2\,0} \\
0
\end{array}
$$

Eigentlich müssen Sie beim Dividieren nur ein paar Subtraktionen vornehmen. Mit jedem Schritt wird nämlich eine Zahl abgezogen, die ein Vielfaches von 4 ist, weil ja durch 4 geteilt wird.

Sie fangen links an. Wie oft geht die 4 in die 18? Viermal, da 4 * 4 = 16. Das schreiben Sie unter die 18, ziehen es von ihr ab und haben 2 übrig. Die 4 wird als erste Ergebnisstelle notiert. Die 2 wird unter dem Strich notiert. Mit ihr müssen wir weiterarbeiten.

Jetzt ziehen Sie von oben die 0 herunter, die hinter der 18 steht und schreiben sie hinter die 2, so dass dort 20 steht.

Achtung: Beim Ergebnis muss hinter der 4 ein Komma gesetzt werden. Wenn Sie die Aufgabe anschauen, sehen Sie sofort, dass das Ergebnis mehr als 1 und weniger als 10 € betragen muss. Mit anderen Worten, das Ergebnis kann nur eine Stelle vor dem Komma aufweisen.

Jetzt prüfen wir, wie oft die 4 in die 20 geht. Genau 5 Mal, denn 5 * 4 = 20. Diese 20 wird von der bereits vorhandenen 20 abgezogen, so dass unter dem Strich nun 0 steht. Die 5 wird als zweite Ergebnisstelle notiert. Es bleibt kein Rest übrig. Die Rechnung ist abgeschlossen.

Das war ein sehr einfaches Beispiel für eine schriftliche Division. Es gibt aber einen noch einfacheren Weg, und der funktioniert sogar im Kopf. Denn ich brauche nur beide Zahlen zu halbieren. Als Ergebnis erhalten wir die einfachere Division 9,00 € durch 2. Und Sie erkennen vermutlich direkt, dass 9,00 € geteilt durch 2 4,50 € ergibt.

Für die 7 Hemden, die Sie haben reinigen lassen, sollen Sie 11,55 € bezahlen. Auf der Preistafel im Geschäft steht: Hemden: 1,65 €. Sie hatten aber in Erinnerung, dass es 1,55 € pro Hemd waren. Das wollen Sie jetzt überprüfen. Es bieten sich zwei Wege an: Entweder rechnen Sie 7 * 1,55 € oder Sie teilen 11,55 € durch 7. Sie entscheiden sich für Letzteres. Das Ergebnis der Division von 11,55 € durch 7 ist der Reinigungspreis pro Hemd.

Manchmal kann es nützlich sein, zuerst einmal die Größenordnung des Ergebnisses abzuschätzen. Sie werden vielleicht schon erkannt haben, dass das Ergebnis zwischen 1 und 2 € liegen muss. Denn 7 * 1 € ergibt 7 € und 7 * 2 € ergibt 14 € und 11,65 € liegt zwischen 7 und 14 €.

Bevor ich die Rechnung erkläre, schreibe ich den Rechenweg einmal auf:

$$11{,}55 : 7 = 1{,}65$$

$$
\begin{array}{r}
\underline{7} \\
4\,5 \\
\underline{4\,2} \\
35 \\
\underline{35} \\
0
\end{array}
$$

Sie fangen wieder links an und ziehen 7 von 11 ab. Die 1 wird als erste Ergebnisstelle notiert. 11 − 7 ergibt 4. Die 4 wird unter dem Strich notiert.

Nun ziehen Sie die 5 hinter der 11 herunter und schreiben sie hinter die 4.

Achtung: Beim Ergebnis muss hinter der 1 ein Komma gesetzt werden, denn das Ergebnis liegt zwischen 1 und 2 €, kann also nur eine Stelle vor dem Komma aufweisen.

Nun prüfen Sie, wie oft die 7 in die 45 geht. 6 * 7 = 42 ziehen Sie von 45 ab. Die 6 wird als zweite Ergebnisstelle notiert. 45 − 42 ergibt 3. Die 3 ist unter dem Strich hinzuschreiben.

Sie ziehen die 5 hinter der 11,5 herunter und schreiben sie hinter die 3. Da steht nun 35. Wie oft geht die 7 in die 35? 5 * 7 = 35 ist von 35 abzuziehen. Die 5 wird als dritte Ergebnisstelle notiert. 35 − 35 = 0. Die 0 ist unter dem Strich hinzuschreiben. Es bleibt kein Rest übrig, und die Rechnung ist abgeschlossen.

Die Reinigung pro Hemd kostet also tatsächlich 1,65 €. Sie vermuten, dass der Preis gerade angehoben wurde. Sie nehmen sich vor, die Reinigung zu wechseln.

Auf Ihrem Kassenzettel befindet sich noch der Posten 6 Blusen für 16,50 €. Auch hier wollen Sie den Einzelpreis errechnen. Versuchen Sie das Ergebnis zunächst zu schätzen. Ich vermute, dass Sie erst mal prüfen, was 6 * 2 ist und dann, was 6 * 3 ist. Damit stellen Sie fest, dass die Reinigung einer Bluse nicht mehr als 3 € kosten kann, weil 3 € * 6 = 18 € schon mehr als 16,50 € sind. Weniger als 2 € können es aber auch nicht sein, weil 2 € * 6 = 12 € deutlich unter 16,50 € liegen. Zweck dieser Übung ist, dass wir wissen, wo das Komma gesetzt wird. Nämlich hinter die erste Ergebnisstelle. Hier die Division:

$$16,50 : 6 = 2,75$$
$$\underline{12}$$
$$4\,5$$
$$\underline{4\,2}$$
$$30$$
$$\underline{30}$$
$$0$$

Zuerst ziehen Sie 2 * 6 = 12 von 16 ab und notieren die 2 als erste Ergebnisstelle. Danach fügen Sie das Komma ein. 16 – 12 ergibt 4. Die 4 wird unter dem Strich aufgeschrieben.

Die 5 hinter der 16 ziehen Sie runter und setzen sie hinter die 4. Sie prüfen, wie oft die 6 in die 45 geht, finden heraus, dass 7 * 6 = 42 ist, und ziehen diesen Betrag von der 45 ab. Die 7 wird als zweite Ergebnisstelle notiert. 45 – 42 ergibt 3. Die 3 schreiben Sie unter dem Strich hin.

Nun ziehen Sie die 0 hinter der 16,5 runter und schreiben sie hinter die 3. Wie oft geht die 6 in die 30? Genau 5 Mal. 5 * 6 = 30, ist von 30 abzuziehen. Die 5 wird als dritte Ergebnisstelle notiert. 30 – 30 = 0. Die 0 steht unter dem Strich und bedeutet, dass kein Rest übrig und die Rechnung abgeschlossen ist. 2,75 € ist der gesuchte Betrag.

An dieser Stelle möchte ich den Einblick in die Division auch schon wieder beenden. Natürlich könnte man nun zu den größeren Zahlen übergehen, aber die damit verbundenen Anforderungen an das Gedächtnis steigen sofort so an, dass sie meiner Meinung nach nicht in ein Buch gehören, in dem Grundlagen vermittelt werden. Das Problem mit der Division ist, dass Sie bei irgendeiner Zahl, der Sie sozusagen auf der Straße begegnen, nicht wissen, ob sie sich aufgehend teilen lässt, also ein kommafreies Ergebnis aufweist. Wir haben eben zwar auch Divisionen mit Nachkommastellen berechnet, aber eben nur mit ein oder zwei Stellen. Es gibt aber auch den Fall, dass Divisionen niemals enden, dann haben wir es mit periodischen Brüchen zu tun. Und dann gibt es noch die sogenannten irrationalen Zahlen, die sich nicht in Brüchen darstellen lassen. Zum Beispiel gilt das für das Ergebnis aus $\sqrt{2}$. Tiefer in die Division einzusteigen, würde ein eigenes Buch rechtfertigen. An dieser Stelle wollte ich nur einmal die Grundlagen mit Ihnen wiederholen, weil wir sie in den nächsten Kapiteln brauchen.

Jetzt sind Sie wieder dran: Gehen Sie die übrigen Positionen auf dem Kassenzettel durch und ermitteln Sie die jeweiligen Stückpreise. Versuchen Sie den Preis immer erst zu schätzen, ehe Sie dividieren. Dann haben Sie auch kein Problem, das Komma an die richtige Stelle zu setzen. Einige Stückpreise lassen sich mit ein wenig Geschick relativ einfach im Kopf berechnen. Und dann müssen Sie zusehen, wie Sie diesen Stapel zu Ihrem Auto befördern.

   3 Anzüge kosten 27,60 €
   5 Kostüme kosten 47,50 €

8 Röcke kosten 33,60 €
11 Pullover kosten 41,80 €

Für die, die auf den Geschmack gekommen sind, noch eine Textaufgabe:

Letztes Frühjahr haben Sie an Ihrem Haus einen Balkon angebaut, um Tomaten zu züchten und bei schönem Wetter draußen grillen zu können. Der Abstand von der Oberkante des Balkongeländers bis zum Erdboden beträgt 7,25 Meter. Der Abstand vom Balkon bis zum Nachbargrundstück beträgt an jeder Stelle des Balkons mindestens 3 Meter. Ihr Nachbar wirft Ihnen aber vor, dass Sie Ihren Balkon zu nah an sein Grundstück gebaut haben.

Nach einer Verordnung muss der Abstand zum Nachbargrundstück für jeden Höhenmeter des Bauobjekts mindestens 40 Zentimeter betragen. Hat der Nachbar mit seinen Anschuldigungen also recht? Überlegen Sie sich eine geeignete Divisionsaufgabe.

Prozentrechnung im Fitness-studio

Einmal die Woche machen Sie Sport. So viel wie Sie sitzen, brauchen Sie ab und zu etwas Bewegung, und heute ist der Tag für Ihr Rückentraining. Sie gehen gern in Ihr Fitnessstudio. Der Vorteil daran ist, dass es dort keine nervige Musik und keine Fernseher gibt, so dass auch nichts Sie ablenkt, wenn Sie nebenbei ein bisschen rechnen. Kürzlich haben Sie gemerkt, dass Sie trotz des nur einmal wöchentlichen Trainings schon ganz andere Gewichte stemmen können als am Anfang. Deswegen wollen Sie nun wissen, um wie viel Sie sich gesteigert haben. Das machen Sie mit der Prozentrechnung.

Die Prozentrechnung brauchen Sie immer dann, wenn zwei Größen verglichen werden sollen, wobei die erste Größe 100 % und die zweite einen bestimmten Prozentsatz der ersten ausmacht. Sie ist im Alltag extrem nützlich, zum Beispiel, wenn es darum geht, Preise zu vergleichen.

Schon als Dreijähriger habe ich im Supermarkt Rabatte nachgerechnet und war immer stolz, wenn ich einen Fehler fand. Das kommt öfter vor, als man denkt! Nur rechnet es meistens niemand nach. Daraus hat sich bei mir eine Art Hobby entwickelt, dem ich auch heute noch nachgehe. Kürzlich hatte ich wieder den Fall, dass ein Getränk im Angebot war und angeblich 25 % günstiger sein sollte. Anstelle von 1 € sollte es nur 80 Cent kosten. Weil aber 80 Cent 80 % von 100 Cent ausmachen, war das Getränk in Wirklichkeit nur um 20 % günstiger. Solche Fälle finden Sie überall. Eine gute Gelegenheit, um Ihre Rechenfertigkeiten zu trainieren.

Zurück zum Fitnessstudio. Zum Warmwerden rudern Sie zehn Minuten und gehen dann zum Fahrrad. Dann beginnen Sie mit dem Beintraining. Das Bein-Streck-Gerät stellen Sie bei 54 Pfund ein. Sie sind ein bisschen stolz, denn Sie haben letztes Jahr mit 38 Pfund angefangen. Um wie viel Prozent haben Sie sich gesteigert?

Als ersten Schritt empfehle ich die Festlegung des Ausgangswertes, der genau 100 % entspricht. Hier würde ich das Gewicht angeben, mit dem das Training im vorigen Jahr begonnen wurde, nämlich 38 Pfund.

In Schritt 2 folgt die Festlegung des 1 %-Wertes. Das ist einfach ein Hundertstel des Ausgangswertes. Wir brauchen also nur 38 Pfund durch 100 zu teilen. Das Ergebnis lautet 0,38 Pfund. Bei einer Untersuchung der beiden Zahlen 38 und 0,38 erkennen wir, dass das Komma um zwei Stellen nach links gewandert ist, nämlich von 38,0 nach 0,38.

Schritt 3 besteht darin, zu berechnen, um wie viel Prozent Sie sich beim Bein-Training verbessert haben. Würden Sie immer noch mit 38 Pfund trainieren, dann hätten Sie sich nicht verbessert. In Wirklichkeit haben Sie sich aber von 38 auf 54 Pfund gesteigert, das sind immerhin:

$$54 - 38 = 54 - 40 + 2 = 14 + 2 = 16 \text{ Pfund!}$$

Um festzustellen, wie viel Prozent Steigerung das bedeutet, teilen Sie die 16 Pfund durch 0,38 Pfund, den 1 %-Wert. Das Ergebnis dieser Division ergibt die Prozentzahl, um die Sie sich verbessert haben. Wie kann eine Division wie 16 : 0,38 berechnet werden? Das ist im Kopf gar nicht so einfach.

Wenn wir eine Zahl durch etwas teilen, das kleiner als 1 ist, so muss das Ergebnis größer sein als die Zahl, durch die wir teilen. Ich würde die Divisionsaufgabe zunächst versuchen zu vereinfachen, indem ich beide Zahlen, die 16 und die 0,38, mit 100 multipliziere. Wir erhalten 16 * 100 = 1 600 und 0,38 * 100 = 38. Die Divisionsaufgabe 1 600 : 38 hat dann das gleiche Ergebnis. In einem weiteren Schritt würde ich beide Zahlen, die 1 600 und die 38, halbieren, was problemlos möglich ist, weil beide Zahlen gerade sind. Wir erhalten 1 600 : 2 = 800 und 38 : 2 = 19. Die Divisionsaufgabe 800 : 19 hat das gleiche Ergebnis wie die Aufgabe 16 : 0,38. Nur ist sie leichter zu berechnen.

Wir rechnen 800 : 19, genau wie wir im letzten Kapitel dividiert haben. Wir fangen wieder links an und stellen fest, dass in die 80 viermal die 20 und also erst recht viermal die 19 passt. Wir ziehen also 4 * 19 (= 4 * (20 – 1) = 4 * 20 – 4 * 1 = 80 – 4 = 76) von 80 ab und erhalten 80 – 76 = 4 als Rest. Die 4 schreiben wir unter den Strich. Dann ziehen wir die letzte Null der 800 herunter und haben als nächste Ausgangszahl die 40. In die 40 passt zweimal die 19, es bleibt ein Rest von 40 – 2 * (20 – 1) = 40 – 2 * 20 – 2 * (-1) = 40 – 40 + 2 = 2, den wir unter den Strich notieren. Er spielt nur noch eine untergeordnete Rolle. Bisher haben wir:

$$800 : 19 = 42 \qquad \text{Rest } 2$$
$$\underline{76} \quad (= 4 * 19, \text{ ist abzuziehen})$$
$$40 \quad (\text{die letzte Null der 800 wird heruntergezogen})$$
$$\underline{38} \quad (= 2 * 19, \text{ ist abzuziehen})$$
$$2$$

Die Zahl, die vor dem Rest steht, die 42, entspricht dem gefragten Prozentsatz. Der Rest, die 2, ist gegenüber der 19 vernachlässigbar. Er macht nur ein rundes Zehntel Prozent aus. Sie haben sich gegenüber dem Anfangswert um rund 42 % gesteigert – eine beachtliche Leistung.

Natürlich könnten Sie noch weitere Stellen hinter dem Komma ausrechnen und kämen dann auf 42,105263 %, aber so genau wollen Sie es vermutlich gar nicht wissen.

Anhand der Sportgerät-Aufgabe möchte ich Ihnen noch alternative Rechenwege erläutern: Wir können nämlich auch direkt vom Ausgangswert (38 Pfund = 100 %) ausgehen und fragen, wie viel Prozent 54 Pfund – 38 Pfund = 16 Pfund sind, wenn 38 Pfund 100 % sind. Damit hätten wir unsere Aufgabe direkt gelöst. Wir setzen

> 38 Pfund = 100 % und
> 16 Pfund = ? %

Die Gleichsetzungen dürfen wir nach Belieben verändern, solange wir auf beiden Seiten die gleichen Rechenschritte anwenden. Teilen wir beispielsweise sowohl 38 Pfund als auch 100 % durch 2, gewinnen wir die Gleichsetzung 19 Pfund = 50 %. Alternativ können wir sowohl 38 Pfund als auch 100 % durch 10 teilen, dann erhalten wir 3,8 Pfund = 10 %. Die letzte Gleichsetzung kann wieder verändert werden, indem wir erneut beide Werte (3,8 Pfund und 10 %) durch 10 teilen. Wir erhalten 0,38 Pfund = 1 %.

Mit den nächsten Rechenschritten versuchen wir herauszufinden, wie viel Prozent 16 Pfund sind. Dafür nähern wir uns dem Wert schrittweise an. Mit den Gleichsetzungen kann man dabei ein bisschen spielen, also gewisse Anwendungen wie Subtraktionen, Additionen, Multiplikationen und Divisionen durchführen. Beispielsweise darf man die eine Gleichung von der anderen abziehen oder sie addieren. Betrachten wir die Gleichungen

19 Pfund = 50% und
3,8 Pfund = 10%

dann können wir die zweite von der ersten abziehen: Wir erhalten auf der linken Seite

19 Pfund – 3,8 Pfund
= 19 Pfund – 3 Pfund – 0,8 Pfund
= 16 Pfund – 0,8 Pfund
= 15,2 Pfund

und auf der rechten Seite

50% – 10% = 40%

Damit erhalten wir die Gleichsetzung

15,2 Pfund = 40%

Damit sind wir den 16 Pfund schon näher gekommen, aber es reicht noch nicht. Betrachten wir folgende Gleichsetzungen:

0,38 Pfund = 1% und
15,2 Pfund = 40%

Nun fehlen noch 0,8 Pfund bis 16 Pfund. Das Doppelte von 0,38 Pfund ist in etwa das Gleiche wie 0,8 Pfund.
Für die weitere Annäherung an die 16 Pfund verdoppeln wir deshalb zunächst die beiden Seiten der 1%-Gleichsetzung und erhalten

$2 * 0,38$ Pfund $= 2 * 1\%$.

Damit haben wir:

0,76 Pfund = 2 %.

Addieren wir 0,76 Pfund = 2 % zu 15,2 Pfund = 40 %, erhalten wir

0,76 Pfund + 15,2 Pfund
= 2 % + 40 % oder
15,96 Pfund = 42 %

Damit haben wir eine sehr befriedigende Annäherung an die 16 Pfund erreicht.

Mit der letzten Gleichsetzung erkennen wir, dass 16 Pfund in etwa 42 % von 38 Pfund sind, womit wir die Ausgangsfrage beantwortet haben. Was genau haben wir gemacht? Wir haben uns schrittweise der Zielgröße 16 Pfund = ? % genähert. Wichtige Rollen spielten die 100 % (Ausgangswert), hier 38 Pfund = 100 %, und der 1 %-Wert, hier 0,38 Pfund = 1 %. Im weiteren Verlauf können Sie andere Gleichungen erzeugen, indem Sie auf beiden Seiten die gleichen Veränderungen wie Halbierungen oder Verdoppelungen durchführen. Diese neuen Gleichungen können Sie in geeigneter Weise voneinander addieren oder subtrahieren, bis Sie sich Ihrer Zielgleichung (hier 16 Pfund = ? %) genügend angenähert haben.

Auf den ersten Blick scheint diese Vorgehensweise wieder etwas umständlich, aber mit ein wenig Routine werden Sie über die einzelnen Mini-Schritte nicht mehr nachdenken müssen. Besonders einfach ist eine Division durch 10 oder 100, müssen Sie doch nur das Komma um ein oder zwei Stellen nach links verschieben. Nicht viel schwieriger sind Verdopplungen oder Halbierungen, wie wir gerade gesehen haben.

Im Grunde ähnelt diese Vorgehensweise dem Schätzen, da Sie sich der gesuchten Größe schrittweise annähern. Gut schätzen können und ein Gefühl für Größenordnungen halte ich mindestens für genauso wichtig wie genaues Rechnen.

Sie sind immer noch beim Bein-Streck-Gerät. Von den aktuell 54 Pfund wollen Sie sich bis zum Sommer auf 62 Pfund steigern. Um wie viel Prozent müssen Sie sich verbessern, um Ihr Ziel zu erreichen?

Jetzt sind Sie dran. Welches Gewicht müssen Sie mit 100 % gleichsetzen? Es stehen nur zwei Werte zur Auswahl. 54 und 62 Pfund. Schauen Sie sich die Fragestellung noch einmal genau an. Darin heißt es, dass Sie das Trainingsgewicht steigern wollen. Eine Steigerung bedeutet, der Ausgangspunkt ist der niedrigere Wert. 54 Pfund bilden deshalb unseren Ausgangswert und werden deshalb mit 100 % gleichgesetzt.

Bei der Berechnung einer Steigerung sollte generell der niedrigere Wert als Ausgangswert bzw. als 100 %-Wert verwendet werden. Bei einer Verringerung oder Senkung, wie z.B. der früher beschriebenen Rabattaktion im Supermarkt, nehmen Sie immer den höheren Wert als Ausgangs- bzw. 100 %-Wert. Wir schreiben also

54 Pfund = 100 %.

Bis 62 Pfund, dem Gewicht, das Sie anpeilen, fehlen noch 8 Pfund. Um zu erfahren, um wie viel Prozent Sie sich verbessern müssen, arbeiten Sie mit dem Ausgangswert. Sie schreiben:

54 Pfund = 100 % und
8 Pfund = ? %

Mit der letzten Gleichsetzung wollen Sie in Erfahrung bringen, wie viel Prozent 8 Pfund ausmachen, wenn 54 Pfund 100 % sind.

Die Gleichsetzungen können wir wieder mit einfachen Rechenoperationen verändern. Wichtig ist, dass Sie die Operation auf beiden Seiten der Gleichung ausführen! Zum Beispiel können wir die beiden Werte der Ausgangsgleichsetzung, 54 Pfund und 100 %, durch 10 teilen und erhalten die Gleichsetzung:

5,4 Pfund = 10 %

Beide Rechnungen sind einfach: Die Division 54 : 10 wird gelöst, indem man von 54,0 ausgehend das Komma um eine Stelle nach links verschiebt: 5,4. Die andere Division 100 : 10 ist noch einfacher, weil lediglich eine Null der 100 gestrichen werden muss.

Als Nächstes können wir die Werte auf beiden Seiten halbieren. Auf der linken Seite haben wir 5,4 Pfund : 2 = 2,7 Pfund und auf der rechten Seite 10 % : 2 = 5 %. Damit haben wir folgende Gleichsetzung erzielt:

2,7 Pfund = 5 %

Auf der linken Seite war wieder eine Division mit Komma erforderlich, die ich kurz erläutere.

$$5,4 : 2 = 2,7$$
$$\underline{4}$$
$$1\ 4$$
$$\underline{1\ 4}$$
$$0$$

In die 5 passt zweimal die 2. 1 bleibt übrig. Wir ziehen also von 5 4 ab und schreiben die 1 unter den Strich. Als Ergebnis notieren wir die 2 als erste Stelle. Wir ziehen die 4, die hinter der 5 steht, herunter und notieren sie hinter der 1. Achtung: Nach der 2 des Ergebnisses muss ein Komma gesetzt werden. Das können Sie anhand einer Schätzung erkennen, denn das Ergebnis der Division 5,4 : 2 muss genau eine Stelle vor dem Komma aufweisen. In die 14 passt 7mal die 2. Die 7 wird im Ergebnis hinter dem Komma notiert. Wir ziehen 14 von 14 ab, erhalten als Rest die 0 und notieren diese unter dem Strich. Weil kein Rest übrig geblieben ist, sind wir fertig.

Zum Schluss nähern wir uns der Gleichsetzung 8 Pfund = ? % schrittweise an, indem wir unsere Gleichungen verändern. In diesem Fall sticht es geradezu ins Auge, dass wir 2,7 und 5,4 nur addieren müssen und damit fast eine 8 haben.

2,7 Pfund = 5 % und
5,4 Pfund = 10 %

Auf der linken Seite haben wir 5,4 Pfund + 2,7 Pfund = 8,1 Pfund und auf der rechten 10 % + 5 % = 15 %. Wir erhalten die Gleichsetzung 8,1 Pfund = 15 %. Mit der letzten Gleichsetzung haben wir die Antwort auf unsere Fragestellung näherungsweise gefunden. Die Steigerung um 8 Pfund macht knappe 15 % aus. Sie haben gute Chancen, um Ihr Ziel, 62 Pfund anheben zu können, zu erreichen.

Die Idee der hier vorgestellten Rechnung besteht darin, ausgehend von der Ausgangsgleichsetzung (54 Pfund = 100 %) zwei weitere Gleichsetzungen (5,4 Pfund = 10 % und 2,7 Pfund = 5 %) abzuleiten und diese anschließend zu addieren (8,1 Pfund = 15 %) um die sogenannte Zielgleichung 8 Pfund = ? % per Annäherung zu lösen.

Jetzt eine Übungsaufgabe für Sie: Nehmen Sie an, dass inzwischen ein paar Monate vergangen sind und draußen wunderbares Sommerwetter herrscht. Sie haben Ihr Zielgewicht von 62 Pfund erreicht und fühlen sich auf diesem Gerät wie ein Champion. Um wie viel Prozent haben Sie sich gegenüber Ihrem Start-Hebegewicht von 38 Pfund verbessert? Stellen Sie geeignete Gleichsetzungen auf und ermitteln Sie den gesuchten Prozentwert. Lösen Sie die Aufgabe bitte genauso, wie wir es eben gemacht haben.

Haben Sie das Ergebnis? Wir gehen die Aufgabe noch einmal gemeinsam durch. Die Ausgangsgleichsetzung ist die schon vertraute.

38 Pfund = 100 %

Auf beiden Seiten ergibt die Division durch 100

0,38 Pfund = 1 %

Die Steigerung beträgt

62 Pfund – 38 Pfund = 24 Pfund

Wir suchen den Prozentwert für die 24 Pfund

24 Pfund = ? %

Das Fragezeichen finden wir, in dem wir 24 Pfund durch 0,38 Pfund oder einfacher 2 400 Pfund durch 38 Pfund oder noch einfacher 1 200 Pfund durch 19 Pfund teilen.

Die jetzt verbliebene Divisionsaufgabe stellt an Sie höhere Ansprüche, weil Sie schrittweise immer Vielfache von 19 abziehen müssen. Ich versuche mit Hilfe der 20 zu arbeiten, weil diese sehr nah bei der 19 liegt. Statt mit der 12 von der 1 200 müssen wir hier mit der 120 von der 1 200 anfangen, weil in die 12 noch keine 19 passt. In die 120 passt 6 Mal die 20, dann gilt das erst recht für die 19. Damit haben wir als erste Ergebnisstelle die 6, wie Sie unten sehen.

$$1\,200 : 19 = 63 \qquad \text{Rest } 3$$
$$\underline{1\,14}$$
$$60$$
$$\underline{57}$$
$$3$$

Sie ziehen

$$6 * 19$$
$$= 6 * (20 - 1)$$
$$= 6 * 20 - 6 * 1$$
$$= 120 - 6 = 114 \text{ von } 120 \text{ ab.}$$

Die erste Ergebnisstelle ist die 6 und unter dem Strich steht auch eine 6. Sie ziehen die letzte Null der 1 200 runter und prüfen, wie oft die 19 in die 60 geht. Dann ziehen Sie

$$3 * 19$$
$$= 3 * (20 - 1)$$
$$= 3 * 20 - 3 * 1$$
$$= 60 - 3 = 57 \text{ von } 60 \text{ ab.}$$

Die zweite Ergebnisstelle ist die 3, es bleibt ein Rest von 3.

Sie haben sich um gut 63 % gesteigert. Der Rest von 3 macht nur noch einen Bruchteil von einem Prozent aus – genau genommen weniger als ein Sechstel Prozent (weil der sechsfache Rest (6 * 3 = 18) weniger als 19 ist). Beachten Sie bitte, dass sich bei dieser Division die Einheit »Pfund« rauskürzt. Pfund durch Pfund hebt sich einfach auf.

Als Nächstes kommt Ihr Lieblingsgerät dran: die Beinpresse. Da kann man so wunderbar daliegen, während man das Gewicht mit den Füßen nach vorne schiebt. Das ist fast ein bisschen wie bei den alten Römern, die im Liegen gegessen haben. Gemütlich! Manche quälen sich ja gerne und denken, das bringt dann mehr, doch Sie finden die Beinpresse ein geradezu entspannendes Gerät, auch wenn der Name eher nach einer Foltermaschine klingt.

Die Beine sind überhaupt mehr Ihr Ding als der Oberkörper. Wahrscheinlich deshalb, weil Sie im Sommer so viel radfahren und im Urlaub gerne wandern.

Zunächst müssen Sie den Sitz richtig einstellen. Sie bringen ihn von der Position 13 in die Position 9. Und weil wir gerade bei der Prozentrechnung sind, wollen wir wissen, um wie viel Prozent Sie den Sitz für Ihre Belange justieren mussten.

Als Erstes klären wir, welcher Wert 100 % entspricht. Der Ausgangswert ist die Position 13. Wir haben die Gleichsetzung:

13 Positionen = 100 %

Damit entspricht 1 Position einem Dreizehntel von 100 %: Wir schreiben einfach

Position = (100 : 13) %

Dies ist eine weitere Möglichkeit, wie eine solche Aufgabe zu lösen ist, denn es gibt mehr als nur ein Verfahren. Wir ordnen einer Position einen bestimmten Prozentsatz zu. Alternativ hätten wir 1 % mit 0,13 Positionen gleichsetzen können.

Weil Sie den Sitz laut Aufgabenstellung um 4 Positionen (13 – 9 = 4) nach unten verstellt haben, ergibt sich mit 4 Positionen folgende Gleichsetzung:

4 Positionen = (4 * 100 : 13)%

Sie sehen also, dass Sie den Sitz um (400 : 13)% nach unten verstellt haben. Nun brauchen Sie nur noch die Divisionsaufgabe (400 : 13)% zu lösen. Hier wird der Lösungsweg kurz erläutert:

$$400 : 13 = 30 \qquad \text{Rest } 10$$

$$\begin{array}{r} \underline{39} \\ 10 \\ \underline{0} \\ 10 \end{array}$$

Zuerst wird 39 (= 3 * 13) von 40 abgezogen. Die erste Ergebnisstelle ist die 3. Zu der 1, die nun unter dem Strich steht, wird die letzte 0 heruntergezogen, so dass wir unter dem Strich jetzt 10 haben. 0 * 13 = 0 ist von der 10 abzuziehen. Die zweite Ergebnisstelle ist die 0. Es bleibt ein Rest von 10. Die Zahl 30 entspricht dem gefragten Prozentsatz. Der Rest 10 ist gegenüber der 13 dieses Mal nicht ganz vernachlässigbar. Er macht etwa $\frac{3}{4}$% aus, denn 10 : 13 ist etwas mehr als 3 : 4. Mit anderen Worten, Sie haben den Sitz um fast 31% verstellt.

Nun stellen Sie noch Ihr derzeitiges Standardgewicht von 132 Pfund ein und machen es sich auf dem Gerät bequem. Letztes Jahr haben Sie bei 84 Pfund angefangen. Jetzt wollen Sie wissen, um wie viel Prozent Sie sich verbessert haben.
Zunächst haben Sie den Ausgangswert von 84 Pfund, den Sie mit 100% gleichsetzen. Dann stellen Sie fest, dass Sie sich um

$$132 - 84 = 132 - 90 + 6 = 42 + 6 = 48 \text{ Pfund}$$

verbessert haben. Wenn 84 Pfund 100 % entsprechen, muss 1 Pfund ein Vierundachtzigstel von 100 % entsprechen:

1 Pfund = (100 : 84) %

Dann müssen 48 Pfund

48 ∗ 100 : 84

Prozent sein. Hier haben Sie einfach beide Seiten mit 48 multipliziert. Links haben Sie durch die Multiplikation mit 48 aus einem Pfund 48 Pfund gewonnen. Rechts wurde aus 100 : 84 % 48 ∗ 100 : 84 %. Sie haben die Aufgabe gelöst, wenn Sie die Division

4800 : 84

ausgerechnet haben. Sie können die Zahlen halbieren, um die Aufgabe leichter zu gestalten:

2 400 : 42 ist das Gleiche wie 4 800 : 84. In gleicher Weise ist 1 200 : 21 das Gleiche wie 2 400 : 42.

Die verbliebene Divisionsaufgabe ist wiederum etwas anspruchsvoller, weil Sie schrittweise Vielfache von 21 abziehen müssen. Ich versuche auch hier wieder mit Hilfe der 20 zu arbeiten, weil diese sehr nah bei der 21 liegt. Statt mit der 12 von der 1 200 müssen wir hier mit der 120 von der 1 200 anfangen, weil in die 12 noch keine 21 passt. In die 120 kann nicht 6 Mal die 21 passen, weil schon 6 ∗ 20 120 ergibt. Daher haben wir als erste Ergebnisstelle die 5, wie Sie unten sehen.

```
1 200 : 21 = 57    Rest 3
1 05
―――
 150
 147
―――
   3
```

Sie ziehen

$$5 * 21$$
$$= 5 * (20 + 1)$$
$$= 5 * 20 + 5 * 1$$
$$= 100 + 5 = 105 \text{ von } 120 \text{ ab.}$$

Die erste Ergebnisstelle ist die 5 und unter dem Strich steht jetzt die 15. Sie ziehen die letzte Null der 1 200 herunter und prüfen, wie oft die 21 in die 150 geht. Dann ziehen Sie

$$7 * 21$$
$$= 7 * (20 + 1)$$
$$= 7 * 20 + 7 * 1$$
$$= 140 + 7 = 147 \text{ von } 150 \text{ ab.}$$

Die zweite Ergebnisstelle ist die 7, es bleibt ein Rest von 3. Die Zahl 57 ist der gefragte Prozentsatz. Der Rest 3 ist gegenüber der 21 beinahe vernachlässigbar. Er macht $\frac{1}{7}$% aus, denn 3 * 7 ergibt genau den Teiler 21. Sie haben sich um gut 57 % verbessert.

Bevor wir das Kapitel Prozentrechnen abschließen, wollen wir eine weitere Fitness-Aufgabe gemeinsam rechnen, in der nicht nach einem Prozentsatz gefragt, sondern mit einem Prozentwert gerechnet wird.

Ihre Freundin Anne hat Ihnen erzählt, dass sie ihr Rudergewicht innerhalb eines Jahres um ganze 65 % gesteigert hat. Dabei hat sie mit einem Gewicht von 34 Pfund angefangen. Bei welchem Gewicht ist sie heute?

Für die Lösung dieser Aufgabe gehen Sie wie gewohnt von der Ausgangsgleichung 34 Pfund = 100 % aus. Entscheidend ist, dass Anne vor einem Jahr mit 34 Pfund angefangen hat, und deshalb haben wir diese 34 Pfund mit 100 % gleichgesetzt. Wir haben auch die Information, dass Anne sich um 65 % gesteigert hat. Damit hat sie eine Gesamtleistung von insgesamt 165 % der Ausgangsleistung erreicht. Um das aktuelle Gewicht, das Anne bewältigt, in Pfund zu ermitteln, braucht ganz einfach nur die Multiplikation 34 Pfund * 1,65 ausgerechnet zu werden. Die Zahl 1,65 setzt sich aus 1 und 0,65 zusammen. Die 1 entspricht den 100 % am Anfang und die 0,65 den 65 %, also der Steigerung. Mit der Ihnen bekannten Überkreuzmultiplikation können Sie die Aufgabe 34 Pfund * 1,65 ausrechnen. Alternativ können Sie 34 Pfund * 165 ausrechnen und das Ergebnis dann durch 100 teilen. Sie erhalten so 5 610 Pfund und nach Division durch 100 das Ergebnis 56,1 Pfund. Realistisch wäre eigentlich das Ergebnis 56 Pfund oder 28 Kilo, weil es in Fitnessstudios keine kleinere Einheit als das Pfund gibt. Aber selbst bei einem Gewicht von 56 Pfund hat sich Anne um nahezu 65 % gesteigert.

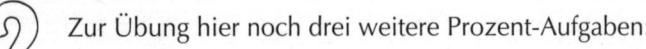 Zur Übung hier noch drei weitere Prozent-Aufgaben:

1. Sie wollen in den nächsten Wochen mit der Beinpresse Ihr Zielgewicht von 140 Pfund erreichen, ohne sich zu überanstrengen. Um wie viel Prozent müssen Sie sich verbessern, wenn Sie jetzt schon bei 132 Pfund angelangt sind?

2. Sie haben Ihren Hausschlüssel verloren. Leider haben Sie auch keinen Ersatzschlüssel und müssen deshalb den

Schlüsseldienst kommen lassen. Wenigstens da haben Sie ein bisschen Glück, denn dieser Service kostet Sie nur 40 € zuzüglich 19 % Mehrwertsteuer. Welchen Gesamtbetrag beziehungsweise Bruttobetrag müssen Sie zahlen, um wieder in Ihre Wohnung zu kommen? Sie können den gleichen Ansatz benutzen wie bei der Aufgabe mit Anne.

3. Ihr Sohn braucht neue Schuhe. Es sollen unbedingt Sportschuhe einer angesagten Marke in den Farben des FC Barcelona sein. Der reguläre Preis ist 89,95 €. Bis Samstag hat ein Schuhgeschäft in der Nähe eine Aktionswoche und gewährt 25 % Rabatt. Sie fragen sich, was die Schuhe nach Rabatt noch kosten. Sie können einen ähnlichen Ansatz benutzen wie bei der vorherigen Aufgabe.

18.46 Uhr Mit der Zinsrechnung zum Führerschein

Endlich zu Hause! Jonas hat sich dazu aufgerafft, Ihnen beim Hereintragen der Tüten und der gereinigten Kleidungsstücke zu helfen. Allerdings mit einem Hintergedanken, denn er fängt sofort wieder mit dem Thema Führerschein an. Dabei ist er erst zwölf! Neben Burgen und facebook ist seit kurzem die Formel 1 sein großes Hobby. Zum Glück kann er im Moment nur zuschauen und nicht selbst aktiv werden. Sie hoffen, dass sich dieses Interesse möglichst bald wieder legt, trotzdem haben Sie Ihrem Sohn versprochen, rechtzeitig Geld für einen Führerschein anzulegen. Jonas ist der Meinung, dass man jetzt schon anfangen müsse, Sie denken, dass es damit noch Zeit hat.

Während Sie die Lebensmittel in den Kühlschrank räumen, überlegen Sie gemeinsam, wie man die nötige Anlagedauer herausbekommt. Dafür braucht man die Zinsrechnung.

Sie schätzen die Kosten für den Führerschein auf 2 000 € und wollen 1 000 € in eine Anlage investieren, die pro Jahr eine Traumrendite von 12 % verspricht. Gemäß Prospekt brauchen Sie nur gewisse Baumbestände im Regenwald aufzukaufen. Diese werden natürlich nachhaltig gezüchtet. Da es mit den Zinsen auf dem Sparbuch zur Zeit alles andere als rosig aussieht, scheint Ihnen die Anlage eine gute Idee zu sein.

Die Zinsen werden jeweils am Ende des Jahres gezahlt. Wie lange dauert es, bis Sie die 2 000 € für den Führerschein zusammen haben, wenn Sie nach jedem Jahr Ihren zwölfprozentigen Überschuss wieder einzahlen? Um diese Frage zu beantworten, berechnen Sie den Wert Ihrer Anlage nach jedem Jahr, bis Sie bei 2 000 € angekommen sind.

Wir beginnen mit dem ersten Jahr. Nach diesem Jahr hat sich Ihr Geld um 12 % vermehrt. Mit anderen Worten hat sich Ihr Geld erhöht um den Betrag:

$$\frac{12}{100} * 1\,000$$

Der Wert $\frac{12}{100}$ ist der sogenannte Zinssatz. Er steht für 12 % oder 12 von 100. Insgesamt, also inklusive der am Anfang eingezahlten 1 000,00 €, haben Sie nach einem Jahr einen Anlagewert von

$$(1 + \frac{12}{100}) * 1\,000$$

Hier sehen Sie, dass die Zinsrechnung gegenüber der Prozentrechnung eigentlich nichts Neues ist. Genauso haben wir schon im vorigen Kapitel gerechnet.

Nun wollen wir wissen, wie viel diese 12 % vom Gesamtbetrag ausmachen.

$$\frac{12}{100} = 0{,}12$$

Man kann das Komma einfach um zwei Stellen nach links verschieben, um auf 0,12 zu kommen.

Jetzt rechnen wir aus, um wie viel sich unser Kapital vermehrt hat.

$$(1 + \frac{12}{100}) * 1\,000$$
$$= (1 + 0{,}12) * 1\,000$$
$$= 1{,}12 * 1\,000 = 1\,120{,}00$$

Im letzten Schritt kann man statt 1,12 auch 112 mit 1 000 über Kreuz multiplizieren. Hier brauchen dann nur drei Nullen angehängt zu werden, man erhält 112 000 und verschiebt das Komma dann um zwei Stellen nach links. Und zwar deshalb um zwei Stellen, weil 1,12 genau zwei Stellen hinter dem Komma hat und 1 000 keine Stelle hinter dem Komma hat. Das Ergebnis ist 1 120,00.

Die Regenwald-Anlage hat nach einem Jahr also einen Wert von 1 120,00 €. Bis zu Ihrem Ziel, den 2 000 €, ist es noch ein langer Weg! Nach einem weiteren Jahr hat sich Ihr Geld aber wieder um 12 % vermehrt. Der Ausgangswert ist also jetzt nicht mehr 1 000 €, sondern 1 120 €. Ansonsten bleibt alles gleich. Sie rechnen es auf die gleiche Weise wie eben:

$$(1 + \frac{12}{100}) * 1\,120$$
$$= (1 + 0,12) * 1\,120$$
$$= 1,12 * 1\,120 \ = 1\,254,40$$

Mit der Überkreuzmultiplikation haben wir zum Schluss wieder 112 statt 1,12 mit 1 120 multipliziert und 125 440 herausbekommen. Dann haben wir das Komma um zwei Stellen nach links verschoben, dies ergibt dann 1 254,40 €. Das ist der Wert Ihrer Anlage nach zwei Jahren.
Nun rechnen Sie mit 1 254,40 € als Ihrem nächsten Ausgangswert.

$$(1 + \frac{12}{100}) * 1\,254,40$$
$$= (1 + 0,12) * 1\,254,40$$
$$= 1,12 * 1\,254,40 \ = 1\,404,928$$

Der letzte Schritt ist wieder die Überkreuzmultiplikation von 112 mit 12 544. Das ergibt 1 404 928. Dann wird das Komma um drei Stellen nach links verschoben, das ergibt 1 404,928. Drei Stellen, weil 1,12 zwei Nachkommastellen hat und 1 254,4 eine. Ihre Anlage hat nach drei Jahren also einen Wert von 1 404,93 €. Hier haben wir um 0,2 Cent aufgerundet, weil der Cent nicht weiter unterteilt wird. Damit sind Sie Ihrem Ziel von 2 000 € schon etwas näher gekommen.

Weiter geht es genauso mit dem neuen Ausgangswert 1 404,93 €.

$$(1 + \frac{12}{100}) * 1\,404,93$$
$$= (1 + 0,12) * 1\,404,93$$
$$= 1,12 * 1\,404,93 = 1\,573,5216$$

Zuletzt wie immer: Überkreuzmultiplikation 112 mit 140 493 = 15 735 216, dann das Komma um vier Stellen nach links schieben, ergibt 1 573,5216. Das Komma muss deshalb um vier Stellen nach links verschoben werden, weil beide zu multiplizierenden Zahlen, die 1,12 und die 1 404,93, jeweils zwei und damit insgesamt vier Nachkommastellen aufweisen. 1 573,5216 € ist Ihre Anlage nach vier Jahren wert. Jetzt müssen wir um 0,16 Cent abrunden, weil der Cent nicht weiter unterteilt wird.

Weiter geht es wieder mit dem Ausgangswert:

$$(1 + \frac{12}{100}) * 1\,573,52$$
$$= (1 + 0,12) * 1\,573,52$$
$$= 1,12 * 1\,573,52 = 1\,762,3424$$

Zum Schluss wurde diesmal 112 mit 157 352 über Kreuz multipliziert, was 17 623 424 ergibt, und dann das Komma um vier Stellen nach links verschoben. Dann haben wir 1 762,3424 €, den Wert der Anlage nach fünf Jahren. Hier müssen wir um 0,24 Cent abrunden, weil der Cent nicht weiter unterteilt wird.

In der nächsten Runde rechnen wir mit dem Ausgangswert 1 762,34 €.

$$(1 + \tfrac{12}{100}) * 1\,762{,}34$$
$$= (1 + 0{,}12) * 1\,762{,}34$$
$$= 1{,}12 * 1\,762{,}34 \ = 1\,973{,}8208$$

Zuletzt haben wir wieder mit der Überkreuzmultiplikation 112 mit 176234 zu 19738208 multipliziert und dann das Komma um vier Stellen nach links verschoben. Das ergibt 1973,8208.

Somit hat Ihre Anlage nach sechs Jahren einen Wert von 1973,82 €. Wir haben wieder um 0,08 Cent abgerundet, weil der Cent nicht weiter unterteilt wird.

Bis zur 2000 fehlen nur noch 26,18 €. Mit der Regenwald-Anlage würden Sie Ihrem Ziel nach sechs Jahren schon sehr nah kommen. Hätten Sie das erwartet? Dass Sie Ihr Geld in sechs Jahren beinahe verdoppeln? Wieso verdoppeln, sagt jetzt der ein oder andere, es ist doch um 72 %, nämlich das Sechsfache von 12 %, angewachsen. Das ist aber nicht richtig, denn wir haben ja jedes Jahr mit einem neuen Ausgangswert gerechnet. Jedes Jahr sind 12 % Zinsen zum vorhandenen Kapital hinzugekommen, das bereits um die Zinsen der Vorjahre vermehrt war. Das Ganze wird deshalb Zinseszins-Effekt genannt. Schon verblüffend, wie viel zusätzlich aufgrund dieses Effektes zusammenkommt.

Wenn wir jetzt alle Rechenschritte zusammenfassen wollen, haben wir gerechnet:

$$(\tfrac{12}{100} + 1) * (\tfrac{12}{100} + 1) * (\tfrac{12}{100} + 1) * (\tfrac{12}{100} + 1) * (\tfrac{12}{100} + 1) *$$
$$(\tfrac{12}{100} + 1) * 1\,000{,}00 \ €$$

Denn jedes Jahr haben wir wieder mit dem Wert $(\frac{12}{100} + 1)$ malgenommen. Nach 6 Jahren eben sechs Mal.

Für Interessierte hier die Formel, die wir angewandt haben:

$(1 + \frac{Zinssatz}{100})^J$ * Grundwert

Zinssatz = 12 % (ergibt den Wert $\frac{12}{100}$)

J steht für die Anzahl der Jahre. Im Beispiel: 6 Jahre

Der Grundwert ist unser Ausgangswert: 1 000 €

Wir haben für unser Beispiel:

$(1 + \frac{12}{100})^6$ * 1 000 € = ca. 1 973,82 €

Die folgende Tabelle fasst noch einmal zusammen, wie viel Geld nach einer bestimmten Anzahl von Jahren zusammengekommen ist. Die erwirtschafteten Zinsen werden immer wieder angelegt.

Jahr 0: 1 000,00

Jahr 1: 1 120,00

Jahr 2: 1 254,40

Jahr 3: 1 404,93

Jahr 4: 1 573,52

Jahr 5: 1 762,34

Jahr 6: 1 973,82

Jetzt sind Sie wieder dran: Stellen Sie sich vor, dass es plötzlich Traum-Sparzinsen von 20 % gibt! Diese 20 % werden Ihnen jeweils nach Ablauf von 12 Monaten gutgeschrieben. Nach wie vielen Jahren hat sich Ihr angelegtes Geld von 2 000 € verdoppelt? Rechnen Sie auf die gleiche Weise wie oben und achten Sie auf den Zinseszinseffekt.

Die Sachen aus der Reinigung sind in die Schränke gewandert, und die Lebensmittel sind auch verstaut. Gerade wischen Sie noch mal über den Küchentisch, um dann endlich mit dem Kochen loszulegen, da kommt Ihr Partner wieder mit seinem derzeitigen Lieblingsthema, der eigenen Sauna.

Die Überlegungen zur Heimsauna sind etwas komplexer als die zum Führerschein, weil zwei verschiedene Angebote miteinander verglichen werden, die auf den ersten Blick nicht vergleichbar scheinen.

Wir sind hier beim anspruchsvollsten Teil des Buches angelangt. Wem das zu schwierig ist, der liest einfach beim nächsten Kapitel weiter, da wird es wieder einfacher.

Von den verschiedenen Modellen passt die Heimsauna Nordia aus nordischer Fichte genau in Ihren Keller. Kosten: 3 000 €. Sie selbst hätten viel lieber einen Swimming Pool, aber der ist natürlich bedeutend teurer. »Wir sind doch nicht Krösus«, hat Ihr Partner zu der Idee gesagt, bzw. »Wer soll das denn putzen?« Für die Heimsauna Nordia, die Ihrem Rücken ja auch guttun wird, haben Sie momentan zwei Angebote vorliegen.

Angebot A sieht eine 0,0-%-Finanzierung über 6 Monate vor. Das bedeutet, dass Sie den Betrag von 3 000 € in sechs Raten zu je 500 € zahlen. Die erste Rate ist nach Ablauf eines Monats fällig, die zweite nach Ablauf des zweiten Monats usw. Die letzte Rate zahlen Sie nach Ablauf des sechsten Monats.

Angebot B sieht einen Rabatt von 3 % bei Sofortzahlung vor.

Für welches Angebot sollen Sie sich entscheiden? Um die Angebote vergleichbar zu machen, gehen wir davon aus, dass es die Möglichkeit gibt, das Geld mit Zinsen anzulegen. Sie

könnten, statt alles gleich zu bezahlen, die 3 000 € minus 3 %
anlegen und immer nur 500 € abheben, um die Raten zu
begleichen. Wir wollen ausrechnen, wie hoch die Verzinsung
sein muss, damit sie vorteilhafter ist als der Rabatt von 90 €
im Angebot B.

Wir stellen die Angebote A und B einander gegenüber und
vergleichen die bis zu einem gewissen Zeitpunkt gezahlten
Beträge.

Insgesamt sieben Zeitpunkte sind dabei zu beachten: Jetzt, in
einem Monat, in zwei Monaten usw., bis in sechs Monaten.

Zeitpunkt	A monatl.	A gesamt	B monatl.	B gesamt	Unterschied
1	0	0	2 910	2 910	-2 910
2	500	500	0	2 910	-2 410
3	500	1 000	0	2 910	-1 910
4	500	1 500	0	2 910	-1 410
5	500	2 000	0	2 910	-910
6	500	2 500	0	2 910	-410
7	500	3 000	0	2 910	+90
8	0	3 000	0	2 910	+90

Zum Zeitpunkt 1 zahlen Sie beim Angebot A noch nichts,
weil Sie immer erst am Ende des Monats zahlen. Das drückt
die 0 aus, die hier in der Tabelle steht. Beim Angebot B zahlen Sie

$$(100 - 3)\,\% \text{ von } 3\,000$$
$$= 97\,\% \text{ von } 3\,000$$
$$= \frac{97}{100} * 3\,000 = 2\,910$$

Am Schluss haben wir mit der Überkreuzmultiplikation 97
mit 3 000 multipliziert, was 291 000 ergibt, und dann das

Komma um zwei Stellen nach links verschoben. So kommen wir auf 2 910,00. Der Saldo in der Tabelle beträgt –2 910 €, weil Sie gegenüber Angebot A jetzt 2 910 € weniger zur Verfügung haben, die Sie anlegen könnten.

Zum Zeitpunkt 2 zahlen Sie bei Angebot A die ersten 500 €: Saldo = –500 €. Bei Angebot B haben Sie das Produkt schon bezahlt. Der Saldo ist unverändert –2 910 €. Gegenüber Angebot A haben Sie bei B jetzt 2 410 € weniger zur Verfügung.

Zum Zeitpunkt 3 zahlen Sie bei Angebot A wieder 500 €. Der Saldo beträgt –1 000 €. Angebot B haben Sie schon bezahlt, keine Änderung. Der Saldo ist unverändert –2 910 €. Gegenüber Angebot A haben Sie jetzt 1 910 € weniger zur Verfügung.

Zeitpunkt 4: Wieder zahlen Sie bei Angebot A 500 €. Saldo = –1 500 €. Bei B erfolgt keine Änderung. Der Saldo ist unverändert –2 910 €. Gegenüber Angebot A haben Sie jetzt bei B 1 410 € weniger zur Verfügung.

Zeitpunkt 5: Und wieder zahlen Sie 500 € bei Angebot A. Der Saldo beträgt –2 000 €. Angebot B: keine Änderung. Der Saldo ist unverändert –2 910 €. Gegenüber Angebot A haben Sie jetzt 910 € weniger zur Verfügung.

Auch zum Zeitpunkt 6 zahlen Sie beim Angebot A wieder 500 € ab. Saldo auf Ihrem A-Konto = –2 500 €. Bei B bleibt alles gleich. Der Saldo ist unverändert –2 910 €. Gegenüber Angebot A haben Sie jetzt 410 € weniger zur Verfügung.

Zeitpunkt 7: Beim Angebot A zahlen Sie die letzten 500 €. Der Saldo ist hier jetzt –3 000 €. Bei Angebot B ändert sich nichts mehr. Der Saldo ist unverändert –2 910 €. Gegenüber Angebot A haben Sie jetzt 90 € mehr zur Verfügung.

Nach dem Zeitpunkt 7 ändert sich nichts mehr. Wenn Sie das Geld, das sie bei A länger zur Verfügung hatten, nicht anderweitig angelegt haben, dann haben Sie bei B nun 90 € mehr. Das konnten Sie aber schon sehen, als wir den Rabatt zum ersten Mal abgezogen haben.

Wenn Sie B angenommen haben, hatten Sie in den sechs Monaten zuvor weniger Geld zur Verfügung, wobei sich dieser Betrag von Monat zu Monat änderte. Während des ersten Monats waren das 2 910 €, während des zweiten Monats 2 410 €, während des dritten 1 910 €, während des vierten 1 410 €, während des fünften 910 € und während des sechsten 410 €.

Die Frage lautet nun, wie viel dieses »weniger zur Verfügung haben« ausmacht. Und das hängt vom Verzinsungssatz der Anlage ab, in die Sie das Geld, das Ihnen in den ersten sechs Monaten bei Angebot A mehr zur Verfügung stand, investiert haben.

Der Einfachheit halber nehmen wir an, dass nach Ablauf jeweils eines Monats 1 % Zinsen bezahlt werden. Dieser Monatszinssatz entspricht unter Berücksichtigung der Zinseszinsrechnung einem Jahreszins von rund 12,6825 %, wenn diese 12,6825 % erst nach Ablauf eines Jahres gezahlt werden. Das Ergebnis ergibt sich durch die Zinseszinsformel $(1 + \frac{1}{100})^{12}$. Der monatliche Zins (1 %) ist mit dem Wert $\frac{1}{100}$ erklärt. Mit jedem Monat wird der um 1 % höhere Betrag wieder angelegt, so dass sich die Berechnungsformel ergibt. Nach einem Jahr oder 12 Monaten ergibt sich als Ergebnis ungefähr der Wert 1,126825. Das Geld hat sich dann um 12,6825 % vermehrt. Der Jahreszinssatz ist das, was Ihnen normalerweise von der Bank genannt wird. Da wir aber nicht ein ganzes Jahr lang anlegen, müssen wir ihn in die einzelnen Monate umrechnen.

Sie können umgekehrt aus dem Jahreszinssatz den Monatszinssatz herleiten, in dem Sie die 12. Wurzel aus der Zahl (im Beispiel $1 + \frac{12,6825}{100} = 1,126825$) ziehen. Das Ergebnis liegt nahe bei 1,01.

Zwecks besserer Übersicht hier eine Tabelle, die anschließend erläutert wird.

	Investierter Betrag	Zinssatz	Neuer Betrag	Rate	Zinsen
Zeitpunkt 1:	2 910,00 €	1 %	2 939,10 €	0 €	29,10 €
Zeitpunkt 2:	2 439,10 €	1 %	2 463,49 €	500 €	24,39 €
Zeitpunkt 3:	1 963,49 €	1 %	1 983,12 €	500 €	19,63 €
Zeitpunkt 4:	1 483,12 €	1 %	1 497,95 €	500 €	14,83 €
Zeitpunkt 5:	997,95 €	1 %	1 007,93 €	500 €	9,98 €
Zeitpunkt 6:	507,93 €	1 %	513,01 €	500 €	5,08 €
Zeitpunkt 7:	Es bleiben 13,01 € übrig.			500 €	

Der laut Tabelle investierte Betrag ist der Betrag, den Sie im Vergleich zum anderen Angebot (Angebot B) mehr zur Verfügung haben und den Sie daher investieren können.

Die Beträge, die wir nun anlegen können, sind die Beträge, die in der anderen Tabelle als »Unterschied« stehen. Da wir wissen wollen, welches Angebot besser ist, beschäftigen wir uns nur mit dem Unterschied. Nur im Fall A können die 2 910 € angelegt werden, im Fall B ist das Geld schon weg. Nur so lassen sich die beiden Fälle miteinander vergleichen.

Lassen Sie uns zur Verdeutlichung noch einmal Schritt für Schritt jede Geldbewegung oder Zahlung und die Zinsgewinne im Szenario A durchgehen, damit Sie genau sehen, wie Zinsen und Geldmengen einander beeinflussen. Sie werden dann die Tabellen oben besser verstehen.

Werden ab dem Zeitpunkt 1 2910 € angelegt, haben wir nach einem Monat 1 % mehr. Das sind dann:

$$(\frac{1}{100} + 1) * 2910$$
$$= (0,01 + 1) * 2910$$
$$= 1,01 * 2910$$
$$= 2939,10$$

Zeitpunkt 2: Jetzt müssen, gemäß Angebot A, 500 € bezahlt werden. Es bleiben 2439,10 € übrig, die zu den gleichen Konditionen angelegt werden. Das sind dann:

$$(\frac{1}{100} + 1) * 2439,10$$
$$= (0,01 + 1) * 2439,10$$
$$= 1,01 * 2439,10$$
$$= 2463,491 €, \text{gerundet } 2463,49 € \text{ zum Zeitpunkt 3.}$$

Zeitpunkt 3: Wieder müssen bei Angebot A 500 € bezahlt werden. Es bleiben 1963,49 € übrig, die zu den gleichen Konditionen angelegt werden. Das sind dann:

$$(\frac{1}{100} + 1) * 1963,49$$
$$= (0,01 + 1) * 1963,49$$
$$= 1,01 * 1963,49$$
$$= 1983,1249 €, \text{gerundet } 1983,12 € \text{ zum Zeitpunkt 4.}$$

Zeitpunkt 4: Bei Angebot A werden wieder 500 € bezahlt. Es bleiben 1483,12 € übrig, die zu den gleichen Konditionen angelegt werden. Das sind dann:

$(\frac{1}{100} + 1) * 1\,483{,}12$

$= (0{,}01 + 1) * 1\,483{,}12$

$= 1{,}01 * 1\,483{,}12$ €

$= 1\,497{,}9512$ €, gerundet $1\,497{,}95$ € zum Zeitpunkt 5.

Zeitpunkt 5: 500 € werden bezahlt. Es bleiben 997,95 € übrig, die zu den gleichen Konditionen angelegt werden. Das sind dann:

$(\frac{1}{100} + 1) * 997{,}95$

$= (0{,}01 + 1) * 997{,}95$

$= 1{,}01 * 997{,}95$

$= 1\,007{,}9295$ €, gerundet $1\,007{,}93$ € zum Zeitpunkt 6.

Zeitpunkt 6: Wieder werden 500 € gezahlt. Es bleiben 507,93 € übrig, die zu den gleichen Konditionen angelegt werden. Das sind dann:

$(\frac{1}{100} + 1) * 507{,}93$

$= (0{,}01 + 1) * 507{,}93$

$= 1{,}01 * 507{,}93$

$= 513{,}0093$ €, gerundet $513{,}01$ € zum Zeitpunkt 7.

Zeitpunkt 7: Das letzte Mal müssen 500 € bezahlt werden. Es bleiben 13,01 € übrig. Dieser Betrag ist Ihr echter Gewinn, den Sie mit Hilfe des Angebots A kombiniert mit einer hochverzinslichen Anlage gewonnen haben. Ohne Rundungen würde der echte Gewinn 13,02 € betragen.

Über die sechs Monate haben sich Zinsen in Höhe von insgesamt 103,01 € angesammelt (29,10 + 24,39 + 19,63 + 14,83 + 9,98 + 5,08). Durch das Angebot B haben Sie keine Zinsen erzielt, hatten aber nach Ablauf von sechs Monaten 90 € zur

Verfügung. Diese 90 € sind 13,01 € weniger als die durch die Anlage aufgelaufenen Zinsen von 103,01 €.

Lassen Sie uns einmal schätzen, wie hoch die Jahreszinsen für das Angebot A sein müssten, damit beide Angebote genau gleich gut abschneiden. Bei welchem Zinssatz bekäme man bei A also nur 90 € statt 103,01 €?

Nehmen wir an, dass, wie allgemein üblich, die Zinsen nicht monatlich, sondern jährlich gezahlt werden, dann müsste die Jahresverzinsung mindestens $\frac{12{,}6825\,\% * 90\,€}{103{,}01\,€}$ grob geschätzt also rund 11 % betragen. Hier wurde der ursprüngliche Jahreszinssatz (12,6825 %) mit 90 für die 90,00 € Zinsen malgenommen und für die vorherigen 103,01 € Zinsen durch 103,01 geteilt. Mit circa 11 % Jahreszinsen ist Angebot A in etwa so gut wie Angebot B.

Diese Berechnung dient der groben Schätzung des Jahreszinssatzes, wenn Sie anstatt 103,01 € nur 90 € an Zinsen erhalten hätten. Dieser Zinssatz muss natürlich niedriger sein als der ursprüngliche. Grob geschätzt erhalten Sie den neuen Zinssatz, wenn Sie den alten mit 90 : 103,01 multiplizieren. (Anlageformen mit solchen Verzinsungen sind übrigens mit Vorsicht zu genießen. Für unsere Beispielrechnungen habe ich höhere Zinsen gewählt, weil es mehr Spaß macht, mit ihnen zu rechnen. Aber die meisten sicheren Anlageformen erzielen deutlich niedrigere Verzinsungen.)

Das Rabatt-Angebot B ist also besser. Die Voraussetzung für Angebot B ist allerdings, dass Sie einen bestimmten Betrag »flüssig« haben, was ja nicht selbstverständlich ist. Das »Flüssigsein« wird mit diesem Rabatt belohnt. Man muss schon ganz schön viel rechnen, um herauszufinden, welches Angebot besser ist. Fast könnte man auf die Idee kommen, dass Banken, die solche Angebote konstruieren, sich bewusst nicht in die Karten schauen lassen wollen.

19.43 Uhr Dreisatz beim Nudelkochen

Sie haben sich für Angebot B bei der Heimsauna entschieden, das Führerscheinthema ist auch geklärt, endlich können Sie mit dem Kochen anfangen. Es gibt Spaghetti mit Soße. Das Rezept haben Sie kürzlich bei einem Abendessen mit Freunden ausprobiert, und es kam so gut an, dass Sie sich vorgenommen haben, es bald noch mal zu kochen. Damals bestand die Gruppe aus 8 Personen, und die Mengenangaben im Rezept sind genau auf 8 Personen ausgelegt.

Heute Abend sind Sie aber nur zu dritt. Daher müssen Sie Ihr Rezept entsprechend umrechnen. Wir sind beim Dreisatz angekommen, den wir alle mal in der Schule gelernt und sofort wieder vergessen haben. Dabei ist der Dreisatz neben den Grundrechenarten die Rechenart, die man im Alltag und im Job am besten brauchen kann. Sie können ihn immer dann einsetzen, wenn es um Proportionalitäten geht, Sie also mit drei gegebenen Werten einen vierten berechnen wollen.

Ich habe diese Spaghettisoße schon öfter gegessen und kann sie nur empfehlen. (Deswegen würde ich selbst die Mengen auch nie umrechnen.)

Spaghetti-Rezept für acht Personen:

2 kg gemischtes Hackfleisch

1,5 kg Nudeln

4 Fleischtomaten

$1\frac{1}{2}$ l Wasser

$\frac{1}{2}$ l Tomatensaft

200 g geriebenen Parmesan

4 Paprika (rot, gelb, grün und orange)

2 Gemüsezwiebeln

2 gehäufte EL Tomatenmark

2 gestrichene TL Salz

$\frac{1}{2}$ TL schwarzer Pfeffer

1 gehäufter TL Rosen-Paprika scharf

2 gehäufte EL Gemüsebrühe

2 EL Olivenöl zum Anbraten

Wie rechnen Sie das Rezept jetzt für drei Personen um? Ganz bequem könnte man natürlich sagen: einfach die Hälfte nehmen, dann bleibt eben etwas übrig. Aber wir wollen es ja genau machen. Sie teilen also alle Mengenangaben durch 8, erhalten als Ergebnis das Rezept für eine Person und multiplizieren die Angaben für eine Person anschließend mit 3.

Am Beispiel der Hauptzutat gemischtes Hackfleisch will ich die Rechenschritte demonstrieren:

Schritt 1   Notieren des Ausgangswertes:

8 Personen essen 2 kg gemischtes Hackfleisch. *(1. Satz)*

Schritt 2   Notieren des Einser-Wertes:

1 Person isst $\frac{2}{8}$ kg gemischtes Hackfleisch. *(2. Satz)*

Schritt 3   Notieren des Ergebniswertes:

3 Personen essen $3 * \frac{2}{8}$ kg gemischtes Hackfleisch. *(3. Satz)*

Die drei Schritte mit den dazugehörenden Sätzen bilden ein Set. Sie stellen einen Dreisatz dar. Dreisatzrechnen ist wirklich einfach, denn es geht immer nur darum, drei Sätze zu notieren: Den Ausgangssatz, den Einser-Satz und den Ergebnissatz.

Der Ausgangssatz enthält die wesentliche Information, auf die die Dreisatzrechnung angewendet werden soll. Bei unserem Hackfleisch-Dreisatz ist das eine bestimmte Anzahl von Personen, die eine bestimmte Menge von etwas (hier 2 kg gemischtes Hackfleisch) essen.

Der Einser-Satz im zweiten Schritt bildet den zweiten Satz. Er stellt den »Schluss auf die Einheit« dar. Mit anderen Worten, wir benötigen zunächst mal das Ein-Personen-Rezept. Diese eine Person ist die sogenannte Einheit. Im Beispiel wird von 8 Personen auf eine Person geschlossen, indem wir die Menge Hackfleisch durch 8 teilen.

Der Ergebnissatz im dritten Schritt bildet den dritten Satz. Er stellt den »Schluss auf die Vielheit« her. Hier wird von einer Person auf drei Personen geschlossen. Das tun wir, indem wir die Menge Hackfleisch mit 3 multiplizieren. Mit dem Ergebnissatz sind wir schon am Ziel.

Hier noch ein rechentechnischer Hinweis: Der Schluss auf die Einheit, unser zweiter Satz, ist mit einer Division verbunden und der Schluss auf die Vielheit, der dritte Satz, mit einer Multiplikation. Im Beispiel haben wir zuerst 2 kg durch 8 geteilt und im nächsten Schritt das Ergebnis mit 3 multipliziert. Das Zwischenergebnis $\frac{2}{8}$ kg würde ich normalerweise nicht gleich ausrechnen oder vereinfachen, weil danach sowieso noch eine Multiplikation stattfindet. Oft ist eine vorherige Vereinfachung mit mehr Aufwand verbunden, wenn die Multiplikation mit einer nicht ganzen Zahl vorgenommen werden soll. Deshalb würde ich das Zwischenergebnis $\frac{2}{8}$ kg einfach so stehen lassen.

In unserem Beispiel könnte auch $\frac{2}{8}$ kg zu $\frac{1}{4}$ kg vereinfacht werden, indem wir die Zahlen 2 und 8 halbieren. Zum Schluss muss $\frac{1}{4}$ kg mit 3 multipliziert werden und wir erhalten $\frac{3}{4}$ kg als Ergebnis. Hätten wir statt mit 3 aber beispielsweise mit 3,5 multiplizieren müssen, hätte die Vereinfachung von $\frac{2}{8}$ auf $\frac{1}{4}$ nicht viel gebracht. Denn der Bruch $\frac{3,5}{4}$ müsste noch zu $\frac{7}{8}$ vereinfacht werden. Deshalb vereinfache ich meistens erst nach der Multiplikation und nicht schon das Zwischenergebnis nach der Division.

Um herauszufinden, wie viel gemischtes Hackfleisch wir für drei Personen brauchen, können wir so vorgehen:

Wir wissen:

8 Personen essen 2 kg gemischtes Hackfleisch

(1. Satz = Ausgangssatz).

Schluss auf die Einheit:

1 Person isst $\frac{2}{8}$ kg gemischtes Hackfleisch

(2. Satz = Einser-Satz).

Schluss auf die Vielheit:

3 Personen essen $3 * \frac{2}{8}$ kg $= \frac{6}{8}$ kg $= \frac{3}{4}$ kg gemischtes Hackfleisch

(3. Satz = Ergebnissatz und Vereinfachung des Ergebnisses).

Als Nächstes wollen wir das Ganze mit den Nudeln rechnen.

3 Personen essen wie viel kg Nudeln?

Wir wissen:

8 Personen essen 1,5 kg Nudeln

(1. Satz = Ausgangssatz).

Schluss auf die Einheit:

1 Person isst $\frac{1,5}{8}$ kg Nudeln

(2. Satz = Einser-Satz).

Schluss auf die Vielheit:

3 Personen essen $3 * \frac{1,5}{8}$ kg $= \frac{4,5}{8}$ kg $= \frac{9}{16}$ kg Nudeln

(3. Satz = Ergebnissatz und Vereinfachung des Ergebnisses).

Die Vereinfachung des Wertes $3 * \frac{1,5}{8}$ kg erfolgte in zwei Schritten: Zuerst habe ich 3 mit 1,5 multipliziert und 4,5 erhalten. Zum Beispiel kann ich $3 * 15$ mit der Fingermathematik rechnen und das Ergebnis durch 10 teilen. Dann habe ich den vereinfachten Bruch $\frac{4,5}{8}$ um 2 erweitert, indem ich die 4,5 im Zähler und die 8 im Nenner verdoppelt habe. Das Ergebnis $\frac{9}{16}$ kg wirkt dennoch ein wenig unhandlich. Es ist etwas mehr als ein halbes Kilo, weil 9 mehr als die Hälfte von 16 ist. Wenn Sie alle nicht allzu hungrig sind, dürfte ein Pfund Nudeln also ausreichen.

Sie können zu diesem Ergebnis auch gelangen, indem Sie das letzte Ergebnis der Hackfleisch-Rechnung verwenden. Auf diese Weise ersparen Sie sich einigen Rechenaufwand, weil Sie ein recht einfaches Verhältnis direkt verrechnen. In diesem Fall brauchen Sie nicht den ganzen Dreisatz zu rechnen, sondern nur das schon gefundene Ergebnis für das Hackfleisch mit $\frac{3}{4}$ zu multiplizieren, weil 1,5 kg ein $\frac{3}{4}$ von 2 kg sind. Mit anderen Worten: Pro Kilogramm Hackfleisch werden $\frac{3}{4}$ kg Nudeln benötigt. Das Ergebnis von $\frac{3}{4} * \frac{3}{4}$ kg ist $\frac{(3 * 3)}{(4 * 4)}$ kg = $\frac{9}{16}$ kg.

So eine »Ergebnisanleihe« können Sie auch nutzen, wenn Sie mit den Fleischtomaten rechnen. Die Fleischtomatenanzahl (4) ist doppelt so groß wie die Kiloanzahl (2) für das Hackfleisch. Also brauchen 3 Personen ebenso wie 8 Personen doppelt so viele Fleischtomaten wie Hackfleisch in kg. Das Ergebnis ist einfach $2 * \frac{3}{4}$, aber ohne die Einheit kg, weil nur die Anzahl und nicht das Gewicht der Fleischtomaten angegeben wurde. $2 * \frac{3}{4}$ ist $\frac{6}{4}$, oder nach Kürzung um 2 einfach $\frac{3}{2}$. Also werden für 3 Personen 1,5 Fleischtomaten benötigt.

Vielleicht finden Sie im Laden oder auf dem Markt entweder eine besonders große oder zwei kleinere Fleischtomaten, die in etwa den 1,5 durchschnittlich großen Fleischtomaten entsprechen. Zur Übung können Sie mit der Dreisatz-Rechnung auf herkömmlichem Weg das Ergebnis für die Fleischtomaten bestätigen.

Jetzt können Sie ein wenig üben: Versuchen Sie den Dreisatz auch auf die restlichen Zutaten anzuwenden. Beachten Sie bitte, dass ein gehäufter Teelöffel (TL) 1,5 gestrichenen Teelöffeln und ein gehäufter Esslöffel (EL) 1,5 gestrichenen Esslöffeln entspricht. Außerdem entspricht 1 gestrichener Esslöffel 3 gestrichenen Teelöffeln. Mengenangaben umzurechnen ist ein weiteres Hobby von mir, aber das haben Sie sicher schon gemerkt. Wenn es für Sie einfacher ist, können Sie sich natürlich auch das ganze Rezept in gestrichene Teelöffel umrechnen.

Hier noch einmal die restlichen Zutaten:

$1\frac{1}{2}$ l Wasser

$\frac{1}{2}$ l Tomatensaft

200 g geriebener Parmesan

4 Paprika (rot, gelb, grün und orange)

2 Gemüsezwiebeln

2 gehäufte EL Tomatenmark

2 gestrichene TL Salz

$\frac{1}{2}$ TL schwarzer Pfeffer

1 gehäufter TL Rosen-Paprika scharf

2 gehäufte EL Gemüsebrühe

2 EL Olivenöl zum Anbraten

Zum Glück sind Sie noch mit Gemüseschneiden beschäftigt, als es klingelt und ihre Nachbarn Andreas und Katharina vor der Tür stehen. Bei denen ist gerade der Strom ausgefallen. Sie laden die beiden spontan zum Abendessen ein, während sie bei Ihnen auf den Elektriker warten. Jetzt müssen Sie alles noch mal auf fünf Personen umrechnen.

Nachdem Sie ein bisschen geübt haben, lassen Sie uns noch mal in den Supermarkt gehen, der ja so etwas wie eine Spielwiese für den Kopfrechenprofi ist. Einfach herrlich, was es dort an Zahlen gibt, an wirren Preisen und falschen Rabatten! Dort fing es auch mit mir und dem Dreisatz an.

Mit vier Jahren stand ich vor zwei unterschiedlich großen Honig-Gläsern im Marmeladenregal. Das 250-Gramm-Glas sollte 1 Mark 59 kosten, und das 500-Gramm-Glas 3 Mark 99. Schon damals war mir irgendwie klar, dass größere Packungen pro Mengeneinheit normalerweise billiger sind als kleinere. In diesem Fall stimmte das aber nicht, und es wäre geschickter gewesen, zwei von den kleineren Gläsern zu kaufen. Denn dann hätte ich für 2 * 250 g = 500 g nur 3 Mark 18 anstatt 3 Mark 99 zahlen müssen. Weil 500 g das Doppelte von 250 g ist, war es damals nicht mal notwendig, den ganzen Dreisatz einzusetzen, um die unsinnige Preispolitik aufzudecken. Aber von da an habe ich den Dreisatz schrittweise verinnerlicht. Er begleitet mich wie ein treuer Freund und meldet sofortigen Alarm, wenn wie beim Honig die Großpackung pro Gramm teurer ist als die kleine.

Kürzlich habe ich in einem Geschäft bei mir um die Ecke eine 250-Gramm-Packung Schokolade für 2,99 € und die 400-Gramm-Packung derselben Sorte für 5,79 € gesehen. Bei manchen Marken müsste Daueralarm herrschen.

Wenn die 250-Gramm-Packung 2,99 € kostet, wie viel darf dann die 400-Gramm-Packung kosten, wenn sie pro Gramm genauso teuer ist wie die 250-Gramm-Packung? Die bekannten drei Werte sind: Die 250-Gramm-Packung (1. Wert) kostet 2,99 € (2. Wert). Der dritte bekannte Wert ist: 400-Gramm-Packung. Der vierte noch unbekannte Wert ist der Preis dieser Packung. Den gilt es mittels des sogenannten proportionalen Dreisatzes zu bestimmen.

Bei der Schokolade berechnen Sie zunächst, wie viel 1 Gramm Schokolade kostet. Sie teilen einfach 2,99 € durch 250. Dann berechnen Sie den Preis für 400-Gramm Schokolade.

$$2,99 € : 250 * 400$$

Weil sowohl 250 als auch 400 Vielfache von 50 sind (250 = 5 * 50 und 400 = 8 * 50), können Sie die Rechnung vereinfachen. Sie erhalten statt 2,99 € : 250 * 400

$$2,99 € : 5 * 8$$

Zuerst multiplizieren wir 2,99 € mit 8:

$$24 € - 8 \text{ Cent} = 23,92 €$$

Nun teilen wir diesen Betrag durch 5, indem wir ihn zunächst verdoppeln und dann durch 10 teilen. Der doppelte Betrag ist 47,84 €, und dann verschieben wir für die Division durch 10 das Komma um eine Stelle nach links und erhalten 4,784 bzw. abgerundet 4,78 €. Damit wissen wir, dass die 400-Gramm-Packung im Supermarkt mit dem Preis 5,79 € im Vergleich zur 250-Gramm-Packung rund 1 € zu teuer angeboten wird.

21.16 Uhr Dreisatz für die Urlaubsplanung

 Die Spülmaschine läuft, die Nachbarn sind mit dem Elektriker zurück in ihre Wohnung gegangen, Jonas verfolgt die letzten Entwicklungen auf facebook. Sie beschäftigen sich noch einmal mit Ihren persönlichen Finanzen. Letzten Monat haben Sie mit einem kleinen Gewinn die Aktien eines Betonunternehmens abgestoßen, die Sie fast drei Jahre in Ihrem Depot hatten. Dieses Geld planen Sie nun zur Hälfte wieder anzulegen und zur anderen Hälfte für den Sommerurlaub der Familie auszugeben.

Zunächst überschlagen Sie, was an Kosten auf Sie zukommt. Dieses Jahr sind Sie zu viert, denn Anton, der Nachbarssohn wird mitfahren. Letztes Jahr war Jonas mit dessen Familie in Südtirol, wo er seine Leidenschaft für Burgen entwickelt hat. Die beiden Jungs wollten unbedingt wieder gemeinsam verreisen. Und Antons Eltern haben sich vorgenommen, mal wieder richtig wandern zu gehen, was sie sonst nie können, weil Anton solch ein Wandermuffel ist.

Beim letzten Schwedenurlaub vor einigen Jahren hatten Sie mit dem Umtauschkurs echtes Glück. Da haben Sie für einen Euro zehn schwedische Kronen erhalten. Ende Juli sind Sie über Flensburg nach Frederikshaven gefahren. Von dort sind Sie mit der Fähre nach Göteborg übergesetzt, dann ging es auf der E 45 Richtung Karlstad weiter. Auf dem Weg fanden sich links und rechts immer wieder Übernachtungsmöglichkeiten.

Damals haben Sie zu dritt 40 000 schwedische Kronen in fünf Wochen ausgegeben. Das waren etwa 4 000 €. Und damals hatten Sie auch keinen Chef, der einen so langen Urlaub erst mal genehmigen muss, denn Sie waren freiberuflich tätig. Dieses Mal ist es schwieriger, weil Sie wegen des kriselnden Euros nur noch rund acht schwedische Kronen für einen Euro erhalten. Wenn Sie alle Kosten einkalkulieren, Sprit, Unterkunft, Verpflegung, die ganzen Fähren und dann noch die Teuerungsrate, wird schnell klar, dass Sie ganz anders haushalten müssen als beim letzten Urlaub. Und selbst wenn Sie statt fünf nur vier Wochen wegfahren, wissen Sie nicht, wie Sie das Ihrem Chef beibringen sollen.

Die Preise im Internet variieren in puncto Übernachtung erheblich. Eine Hütte bei Holmsjö wird schon ab 235 € die Woche angeboten. Allerdings kostet sie in der Hochsaison doch ganze 375 € die Woche, und weil Sie nur in den Schulferien fahren können, sind Sie natürlich in der Hochsaison unterwegs.

Für die Planung ist es sinnvoll, sich an mittleren Kosten von rund 100 € pro Tag zu orientieren. Sie wollen sich noch nicht ganz festlegen, wo Sie bleiben, denn manchmal entdeckt man erst vor Ort den schönsten Ausblick auf See oder Berge. Sie kalkulieren für die Übernachtungskosten $28 * 100 = 2\,800$ €. Für den Sprit rechnen Sie bei einer Gesamtstrecke von insgesamt 5\,000 Kilometern mit einem Verbrauch von $\frac{8\ \text{Liter}}{100\ \text{km}}$ also 400 Liter Benzin. Sie kalkulieren vorsichtig einen Mittelwert von 1,80 € pro Liter. Das ergibt noch mal 720 €. Für Essen und Verpflegung rechnen Sie pro Person und Tag 10 € ein. Das ergibt $4 * 10 * 28 = 1120$ €. Hinzu kommt die Fähre mit rund 250 € hin und zurück. Dann brauchen Sie noch ein Budget für Andenken und Nebenausgaben, wie Brennholz oder Strom. Und natürlich wollen Sie auch mal einen Kaffee trinken oder ein Ruderboot mieten!

```
  2 800
    720
1 120
    250
────────
4 890
```

Fast 5 000 €, und dabei haben Sie das Brennholz, den Kaffee und das Ruderboot noch nicht mal eingerechnet. 5 000 € sind die absolute Obergrenze. Pro Woche wären das 1 250 €. Aber damit kommen Sie nicht hin! Wie viel könnten wir pro Woche ausgeben, wenn wir nur drei Wochen verreisen?, fragen Sie sich deshalb.

Hier können Sie wieder den Dreisatz einsetzen, nur liegen die Dinge ein wenig anders als bei der Spaghettisoße. Für die doppelte Anzahl Esser wurde von allen Zutaten die doppelte Menge benötigt und für die Hälfte der Personen nur die halbe. Mit anderen Worten, das Verhältnis von Personen zu Zutaten ist proportional.

In diesem Fall haben Sie – sozusagen – nur eine bestimmte Menge an Zutaten zur Verfügung, und es geht darum, diese Menge auf eine Anzahl von Personen zu verteilen. Je mehr Personen da sind, desto weniger Essen steht für jeden Einzelnen zur Verfügung. Je weniger Personen da sind, desto mehr bekommt jeder Einzelne. Hier gilt: je weniger, desto mehr. Wir sprechen von einem umgekehrt proportionalen Verhältnis.

Genauso verhält es sich mit dem Ihnen zur Verfügung stehenden Geldbetrag. Wenn Sie diesen Betrag in einem kürzeren Zeitraum, nämlich drei Wochen, aufbrauchen, steht Ihnen pro Woche mehr Geld zur Verfügung, als wenn Sie vier Wochen unterwegs sind. Wenn Sie, um auf die Ausgangsfrage zurückzukommen, bei vier Wochen Reisezeit pro Woche 1 250 € zur Verfügung haben, wie viele Euro haben Sie dann für drei Wochen?

Rechnen Sie wie im Rezeptfall in drei Sätzen.

Wir wissen:

Bei vier Wochen haben Sie pro Woche 1 250 € zur Verfügung.
(1. Satz)

Schluss auf die Einheit:

Bei einer Woche stehen Ihnen 1 250 € * 4 = 5 000 € zur Verfügung
(2. Satz).

Schluss auf das Dreifache der Einheit:

Bei drei Wochen stehen Ihnen 5 000 € : 3 zur Verfügung
(3. Satz).

Im letzten Schritt teilen Sie 5 000 € durch 3 und erhalten als Antwort 1 666 $\frac{2}{3}$ €. Wenn Sie 5 000 € durch 3 teilen, ziehen Sie von der 5 3 ab, notieren die 1 als erste Lösungsstelle und schreiben die 2 unter den Strich. Dann ziehen Sie die 0 hinter der 5 herunter und ziehen 6 * 3 = 18 von der 20 ab. Sie notieren die 6 als zweite Lösungsstelle, schreiben die 2 unter den Strich usw.

Insgesamt erhalten Sie:

$$5\,000,00 : 3 = 1\,666,66\ldots$$

$$\underline{3}$$
$$2\,0$$
$$\underline{1\,8}$$
$$20$$
$$\underline{18}$$
$$20$$
$$\underline{18}$$
$$20$$
$$\underline{18}$$
$$20$$
$$\underline{18}$$
$$20 \text{ usw.}$$

Sie haben sich vorgenommen, in Schweden einen 600 Meter breiten See in 15 Minuten zu durchschwimmen. Beim letzten Urlaub haben Sie für diese Strecke 20 Minuten gebraucht. Um wie viele Meter pro Minute müssten Sie sich steigern, um Ihr Ziel zu erreichen?

Hier müssen Sie nur zwei Divisionsergebnisse vergleichen: Nämlich 600 Meter : 20 Minuten und 600 Meter : 15 Minuten. Beide Ergebnisse geben an, wie viele Meter Sie pro Minute geschwommen sind. Der erste Wert entspricht dem Ist-Zustand, der zweite dem Wunsch-Zustand.

Das erste Ergebnis erhalten Sie zum Beispiel durch Division durch 10.

$$600 : 10 = 60$$
$$20 : 10 = 2$$

Dann halbieren Sie beide Ergebnisse und kommen auf 30 Meter pro Minute.

Das zweite Ergebnis finden Sie beispielsweise durch Verdopplung.

$$600 * 2 = 1\,200$$
$$15 * 2 = 30$$

Dann dividieren Sie durch 10

$$1\,200 : 10 = 120$$
$$30 : 10 = 3$$

Dann dividieren Sie noch mal durch 3 und kommen auf 40 Meter pro Minute.

Diese Schritte sind einfach und deshalb leicht im Kopf zu rechnen. Der Vergleich ergibt, dass Sie sich von derzeit 30 Metern pro Minute auf 40 Meter pro Minute, also 10 Meter pro Minute steigern müssen. Um die Aufgabe zu lösen, mussten Sie jeweils nur die Strecke ermitteln, die Sie innerhalb einer Minute erschwimmen. Hier genügte es, in beiden Fällen nur den Schluss auf die Einheit (1 Minute) zu vollziehen.

Jetzt sind Sie dran: Wenn Ihnen für einen fünfwöchigen Urlaub an Ihrem Lieblingssee in Schweden wöchentlich 8 000 schwedische Kronen zur Verfügung stehen, wie viele schwedische Kronen können Sie pro Woche ausgeben, wenn Sie nur vier oder zwei Wochen lang wegfahren? Denken Sie daran, dass sich der Gesamtbetrag, über den Sie verfügen, nicht verändert. Beantworten Sie die Fragen mit Hilfe des umgekehrt proportionalen Dreisatzes.

Gute Nacht! Primschäfchen zählen

Endlich liegen Sie im Bett! Es war ein voller Tag, und Sie haben dringend Schlaf nötig. Doch nach all den Gelddiskussionen schwirrt Ihnen noch der Kopf, und obwohl Sie todmüde sind, können Sie nicht gleich einschlafen. Zur Entspannung denken Sie wieder an Ihren Urlaub. Sie freuen sich auf das rote Holzhaus mit Veranda und eigenem Bootssteg und sehen alles genau vor sich: die Hochweide mit den Schafen und davor der See. In Ihrer Vorstellung ist es Sommer und selbst um 22.47 Uhr noch ganz hell.

Sie können die Schafe gut unterscheiden und stellen fest, dass manche merkwürdig schillern, so als wollten sie ein wenig anders sein als der Rest der Herde. Das sind die Primschafe! Um sie geht es in dieser Kombination aus Schäfchenzählen und Primzahlen erkennen. In Ihrer Vorstellung zählen Sie gleich wie ein Hirte die Schafe und halten inne, wenn Sie auf ein Primschaf stoßen.

Primzahlen bieten sich schon deshalb als Tagesausklangsthema an, weil sie so gar nichts Praktisches haben. Sie haben keinen unmittelbar erkennbaren Nutzen für unseren Alltag, aber sie schulen die Rechenfähigkeit und das Gedächtnis.

Primzahlen sind so etwas wie ein Heiligtum der Mathematik. Sie lassen sich auch nur schwer ergründen, wie es für Heiligtümer üblich ist. Primzahlen sind ganze Zahlen, die nur durch sich selbst sowie durch 1 ohne Rest geteilt werden können. Die kleinste Zahl Primzahl ist die 2. Weitere Primzahlen sind zum Beispiel die 3, die 5, die 7, die 11 und die 13.

Bisher gibt es noch keine Rechenregel, mit der man die nächste Primzahl mit Hilfe der vorherigen finden kann. Dass ich weiß, dass 2, 3, 5, 7, 11, 13 Primzahlen sind, hilft mir also nicht dabei, herauszufinden, welche die nächste Primzahl ist. Wenn Sie im Kopf die weiteren Zahlen durchgehen, werden Sie wahrscheinlich auf die 17 stoßen, denn 15 ist mit 15 = 3 * 5 eine zusammengesetzte Zahl. Die Zerlegung der 15 in 3 und 5 wird Zerlegung in Primfaktoren genannt. Die Primfaktoren sind die 3 und die 5.

Die 14 und 16 scheiden direkt aus, weil sie ohne Rest durch 2 geteilt werden können. Zahlen, die ohne Rest durch 2 geteilt werden können, werden gerade Zahlen genannt. Man erkennt sie ganz einfach daran, dass ihre letzte Ziffer 0, 2, 4, 6, oder 8 ist.

Zu erkennen, dass eine Zahl gerade bzw. ohne Rest durch 2 teilbar ist, ist recht leicht, weil Sie nur auf die Einerstelle dieser Zahl schauen müssen. Was vor dieser Einerstelle steht, ist vollkommen unerheblich: 14 und 4 und 24 sind gerade Zahlen, genauso 34 oder 44. Die Zehnerstelle spielt einfach keine Rolle. Übrigens ist auch 10 (= 2 * 5) eine gerade Zahl. Jede Zahl, die ein Vielfaches von 10 ist (20, 30, 40 usw.), ist ebenfalls eine gerade Zahl.

Damit Sie Ihre Primzahlschäfchen finden können, zeige ich Ihnen, wie Sie überprüfen können, ob Sie ein schillerndes Primschaf oder ein gewöhnliches Schaf vor sich haben. Wenn eine vorgegebene Zahl eine echte Primzahl ist, darf sie nur durch 1 und sich selbst teilbar sein. Weil wir aber nicht im Voraus wissen, welche Teiler eine vorgegebene Zahl hat, müssen wir schrittweise alle Teiler bis zu einer gewissen Grenze durchgehen.

Mit der Grenze ist die kleinste Zahl gemeint, deren Quadrat die vorgegebene Zahl gerade übersteigt. Die Grenze wäre beispielsweise bei 47 die 7, weil 7 * 7 = 49 (49 > 47) ist. Diese Grenze festzulegen, bis zu der Sie dann testen, ist also der erste Schritt, wenn es darum geht, herauszufinden, ob eine Zahl eine Primzahl ist. Wenn bis zur Grenze keine Division ohne Rest aufgegangen ist, haben Sie ein Primschaf gefunden.

Eine Methode für die Division durch 1 brauchen wir nicht zu lernen, weil diese immer aufgeht. Das darf bei einer Primzahl so sein und ist für uns kein Problem.

Die Methode für die Division durch 2 haben Sie schon kennengelernt. Sie schauen nur auf die Einerstelle der vorgegebenen Zahl und prüfen, ob es sich um eine 0, 2, 4, 6 oder eine 8 handelt. In diesem Fall ist die Zahl gerade und lässt sich ohne Rest durch 2 teilen.

Methode für die Teilbarkeit durch 3

Eine Zahl ist ohne Rest durch 3 teilbar, wenn deren Quersumme ebenso durch 3 teilbar ist. Die Quersumme einer Zahl erhalten Sie, wenn Sie die Ziffern dieser Zahl einfach addieren, so wie schon bei der Neuner-Probe. Die Quersumme von 13 ist 1 + 3 = 4. 4 kann nicht ohne Rest durch 3 geteilt werden. Deshalb gilt das auch für die 13. Die Quersumme von 57 ist 5 + 7 = 12. 12 kann ohne Rest durch 3 geteilt werden. Deshalb gilt das auch für die 57.

Welche der Zahlen können ohne Rest durch 3 geteilt werden?
13, 57, 76, 101, 300, 701, 1 111, 3 334, 2 3456, 1 357 899, 5 554 112, 56 789 012

Jetzt kommen wir zur 4. Wenn es darum geht, Primschafe zu erkennen, brauchen Sie die 4 gar nicht zu testen. Die 4, genauso wie alle anderen geraden Zahlen, haben Sie bereits mit der 2 mitgetestet. Denn jede Zahl, die durch 4 teilbar ist, ist auch durch 2 teilbar. Trotzdem stelle ich die Teilbarkeitsregeln der 4 und der anderen geraden Zahlen bis 20 einmal dar.

Methode für die Teilbarkeit durch 4

Eine Zahl ist ohne Rest durch 4 teilbar, wenn ihre letzten beiden Ziffern durch 4 teilbar sind. 112 beispielsweise ist durch 4 teilbar, weil 12 durch 4 teilbar ist, genauso 4728, weil 28 durch 4 teilbar ist. Sollte die Zahl aus nur einer Stelle bestehen, muss man sich eine Null als Zehnerstelle vorstellen, damit sie wie eine zweistellige Zahl wirkt. Statt 8 stellt man sich also 08 vor.

Noch ein Tipp: Wenn die letzte Stelle 2 oder 6 ist, muss die vorletzte Stelle ungerade sein, damit die beiden letzten Stellen und damit die ganze Zahl ohne Rest durch 4 teilbar sind. Wenn die letzte Stelle 0, 4 oder 8 ist, muss die vorletzte Stelle gerade sein, damit die beiden letzten Stellen und damit die ganze Zahl durch 4 teilbar sind. Damit können Sie sich ein wenig weiterhelfen, wenn es beim Dividieren noch hapert.

 Welche der Zahlen sind ohne Rest durch 4 teilbar?
13, 57, 76, 101, 300, 701, 1 111, 3 334, 23 456, 1 357 899, 5 554 112, 56 789 012

Methode für die Teilbarkeit durch 5

Eine Zahl ist ohne Rest durch 5 teilbar, wenn ihre letzte Stelle entweder eine 0 oder 5 ist. Diese Regel ist beinahe noch einfacher als die Regel für die Teilbarkeit durch 2.

Welche der Zahlen sind ohne Rest durch 5 teilbar?
24, 55, 225, 1 000, 2 340, 11 225, 22 445, 55 550,
222 222

Methode für die Teilbarkeit durch 6

Eine Zahl ist ohne Rest durch 6 teilbar, wenn sie ohne Rest sowohl durch 2 als auch durch 3 teilbar ist. Hier müssen Sie keine neue Methode lernen, sondern nur zwei bekannte kombinieren. Sie müssen zum einen auf die Quersumme achten: Ist sie ein Vielfaches von 3? Zum anderen auf die letzte Ziffer: Ist es entweder eine 0, 2, 4, 6 oder 8? Nehmen wir die Zahl 132. Ihre Quersumme $1 + 3 + 2 = 6$ ist ein Vielfaches von 3. Deshalb ist auch 132 ein Vielfaches von 3. Die letzte Stelle von 132 ist die 2. Deshalb ist die Zahl 132 durch 2 teilbar. Insgesamt ist deshalb 132 auch durch 6 teilbar.

Welche der Zahlen sind ohne Rest durch 6 teilbar?
234, 3 456, 5 678, 9 864, 23 457, 123 456,
12 345 678

Methode für die Teilbarkeit durch 7

Hier wird es jetzt ein bisschen knifflig. Wir rechnen nämlich unterschiedlich, je nachdem, ob die getestete Zahl dreistellig ist oder vier und mehr Stellen hat. Die Methode für dreistellige Zahlen stelle ich hier vor. Die Methode ab vier Stellen setze ich an den Schluss, denn dort kann ich die 7 mit der 11 und der 13 in einer Methode zusammenfassen.
Im dreistelligen Fall arbeiten wir mit der Subtraktionsmethode. Und zwar ziehen wir einfach immer 98 ab. Man kann dafür eine Abkürzung verwenden, indem man die Hunderterstelle einfach streicht und das Doppelte der Hunderterstelle zu der Zahl danach hinzufügt.

Lassen Sie mich das am Beispiel 427 illustrieren. Wir wollen herausfinden, ob die 427 durch 7 geteilt werden kann. Als Erstes streichen wir vorne die 4, so dass wir nur noch 27 haben. Dann verdoppeln wir die 4.

$$2 * 4 = 8$$

Und fügen die 8 zur 27 hinzu.

$$8 + 27 = 35$$

Da die 35 durch 7 teilbar ist, ist auch die 427 durch 7 teilbar.

Sie können auch deswegen so verfahren, weil 98 ein Vielfaches von 7 ist. 98 = 7 * 14. 98 ist fast 100, aber eben nicht ganz. Deshalb müssen Sie bei jedem Hunderter, den Sie abziehen, wieder 2 Einer dazutun.

Die Idee hinter der Subtraktionsmethode ist, immer eine Zahl abzuziehen, die möglichst nah bei 100 liegt und gleichzeitig ein Teiler der Zahl ist, die geprüft wird.

 Welche Zahlen sind ohne Rest durch 7 teilbar?
186, 589, 145, 161, 952, 364, 812, 665, 999

Methode für die Teilbarkeit durch 8
Eine Zahl ist ohne Rest durch 8 teilbar, wenn ihre letzten drei Ziffern durch 8 teilbar sind. Sollte die Zahl aus nur einer oder zwei Stellen bestehen wie 8 oder 35, dann muss man sich wieder eine oder zwei Nullen als Zehner- oder Hunderterstelle vorstellen, damit die Zahl dreistellig wirkt. Bei der 8 also 008 und bei der 35 035.

Wenn die dreistellige Zahl groß ist, etwa 936, dann sieht man oft nicht sofort, ob 936 ohne Rest durch 8 geteilt werden kann. In dem Fall empfehle ich, so lange 200 abzuziehen, bis die Zahl kleiner ist als 200. Im Beispiel würde das so aussehen: 936 → 736 → 536 → 336 → 136. Wenn es dann immer noch schwer ist, aber keine 200 mehr abgezogen werden können, sollten immer 40 abgezogen werden, bis die Zahl kleiner als 40 ist. Im Beispiel haben wir dann: 136 → 96 → 56 → 16. Unsere letzte Zahl, die 16, ist ohne Rest durch 8 teilbar. Deshalb ist auch 936 ohne Rest durch 8 teilbar.

Die Zahlen die wir abgezogen haben, nämlich die 200 und dann die 40, sind selbst Vielfache von 8, deshalb dürfen wir uns mit diesem Kniff das Rechnen erleichtern. Mit dieser Subtraktionsmethode können Sie sich behelfen, wenn Sie große Divisionen vermeiden wollen.

Welche der Zahlen sind ohne Rest durch 8 teilbar?
8, 52, 76, 104, 300, 700, 1 111, 3 336, 23 464, 1 357 896, 5 554 112, 56 789 012

Methode für die Teilbarkeit durch 9

Diese Methode ist Ihnen vertraut, wenn Sie sich mit der Neuner-Probe befasst haben.

Eine Zahl ist ohne Rest durch 9 teilbar, wenn ihre Quersumme ebenso durch 9 teilbar ist. Beispielsweise ist die Quersumme von 234 2 + 3 + 4 = 9. 9 kann ohne Rest durch 9 geteilt werden. Deshalb gilt das auch für die 234. Die Quersumme von 678 ist 6 + 7 + 8 = 21. 21 kann aber nicht ohne Rest durch 9 geteilt werden. Deshalb gilt das auch für die 678. Die 234 ist also durch 9 teilbar, die 678 nicht.

Welche der Zahlen können ohne Rest durch 9 geteilt werden?
123, 246, 789, 990, 9 999, 234 567, 123 456 789

Methode für die Teilbarkeit durch 10

Hier haben wir die einfachste Methode von allen. Eine Zahl ist ohne Rest durch 10 teilbar, wenn ihre letzte Stelle beziehungsweise Ziffer eine 0 ist. 5 557 770 und 112 210 sind durch 10 ohne Rest teilbar, dagegen 2005 und 1 001 nicht.

Die **Methode für die Teilbarkeit durch 11** ist Ihnen sicher noch aus der Elfer-Probe bekannt. Sie addieren die letzte Stelle zu der drittletzten und dann zu der fünftletzten und so weiter, und wenn Sie mit den ungeraden Stellen durch sind, ziehen Sie die geraden Stellen, also etwa die zweitletzte, die viertletzte usw. ab.

Bei der 12 345 rechnen Sie also zunächst 5 + 3 + 1 und ziehen dann 4 und 2 ab, das ergibt 9 − 6 = 3. Weil dieses Ergebnis nicht ohne Rest durch 11 teilbar ist, gilt das Gleiche auch für die gesamte Zahl 12 345.

Probieren wir es mal mit der 161051, dann werden Sie sehen, dass diese Zahl ein Vielfaches von Elf ist (1 + 0 + 6 = 7 weniger 5 + 1 + 1 = 7 ergibt 0). Sollte die Summe der geraden Stellen die der ungeraden übersteigen, ergibt sich am Schluss ein negatives Ergebnis. Aber auch in diesem Fall gilt die Regel, denn Sie können das Minuszeichen einfach wegstreichen!

Alternativ können Sie bei dreistelligen Zahlen auch immer 99 abziehen, bis das Ergebnis zweistellig wird. Und statt der 99 ziehen Sie gleich 100 ab und addieren jeweils den fehlenden Einer zu Ihrem Ergebnis. Für die Zahl 931 würde das so aussehen: Sie ziehen 900 ab, nehmen also vorne einfach die 9 weg. Die 31 bleibt stehen. Zur 31 fügen Sie 9 hinzu, das sind die Einer, die Sie wieder dazu addieren müssen. Das Ergebnis ist 40, eine Zahl, die nicht durch 11 teilbar ist, weshalb auch 931 nicht durch 11 teilbar ist.

Welche der Zahlen können ohne Rest durch 11 geteilt werden?
123, 242, 781, 990, 9 999, 234 567, 1 111 778 899

Methode für die Teilbarkeit durch 12

Eine Zahl ist ohne Rest durch 12 teilbar, wenn sie sowohl ohne Rest durch 4 als auch durch 3 teilbar ist. Hier müssen Sie keine neue Methode lernen, sondern nur zwei bekannte kombinieren. Betrachten wir zum Beispiel die Zahl 888. Die letzten beiden Stellen dieser Zahl (88) sind ein Vielfaches von 4. Wenn Sie das nicht direkt sehen, können Sie immer wieder 20 (ein Vielfaches von 4) abziehen: 88 → 68 → 48 → 28 → 8. Die 8 ist durch 4 teilbar, deshalb auch die 88. Und genau deshalb auch die 888. Die Quersumme von 888 ist 3 * 8 also ein Vielfaches von 3. Damit ist auch 888 ein Vielfaches von 3. 888 ist also ein Vielfaches von 12, weil es zugleich ein Vielfaches von 3 und von 4 ist.

Welche der Zahlen können ohne Rest durch 12 geteilt werden?
222, 222 222, 444, 444 444, 56 780, 675 432,
99 887 764, 123 456

Methode für die Teilbarkeit durch 13

Bei dreistelligen Zahlen können Sie so lange die 91 abziehen, bis Sie ein zweistelliges Ergebnis haben, denn 91 = 7 * 13. Auch hier würde man stattdessen einfach die Hunderter abziehen, muss dann aber pro Hunderter 9 Einer zu der übriggebliebenen zweistelligen Zahl hinzufügen. Nehmen wir die 711 als Beispiel. Sie ziehen von der 711 7 Hunderter ab, 11 bleibt stehen, dann fügen Sie zu der 11 hinzu: 7 * 9 =

63 und kommen auf 74. Eine Zahl, die nicht durch 13 teilbar ist, womit also auch 711 nicht durch 13 teilbar ist.

 Welche der Zahlen können ohne Rest durch 13 geteilt werden?
222, 247, 368, 520, 689, 911, 959

Methode für die Teilbarkeit durch 14

Eine Zahl ist ohne Rest durch 14 teilbar, wenn sie sowohl ohne Rest durch 2 als auch durch 7 teilbar ist. Auch hier müssen Sie keine neue Methode lernen, sondern nur zwei bekannte kombinieren. Bezüglich der 2 brauchen Sie nur auf die letzte Stelle zu schauen, ob sie eine 0, 2, 4, 6 oder eine 8 ist. Bezüglich der 7 arbeiten wir wieder mit der Subtraktionsmethode. Und zwar ziehen wir immer wieder 98 ab. Wieder gibt es eine Abkürzung. Man streicht die Hunderterstelle und fügt das Doppelte der Hunderterstelle zu der Zahl danach hinzu. Wir betrachten das am Beispiel 882. Die letzte Stelle dieser Zahl ist eine 2. Deshalb ist sie durch 2 teilbar. Ist die 882 durch 7 teilbar? Als Erstes streichen wir vorne die 8, so dass wir nur noch 82 haben. Dann verdoppeln wir die 8.

$$2 * 8 = 16$$

Und fügen die 16 zur 82 hinzu.

$$16 + 82 = 98$$

Da die 98 durch 7 teilbar ist, ist auch die 882 durch 7 teilbar. Und auch durch 14 ist 882 ohne Rest teilbar.

 Welche dieser Zahlen sind ohne Rest durch 14 teilbar?
182, 585, 147, 196, 952, 364, 812, 665

Methode für die Teilbarkeit durch 15

Eine Zahl ist ohne Rest durch 15 teilbar, wenn sie sowohl ohne Rest durch 3 als auch durch 5 teilbar ist. Hierfür kann man wieder zwei bekannte Methoden kombinieren. Zum einen muss man auf die Quersumme achten: Ist sie ein Vielfaches von 3? Zum anderen betrachte man die letzte Stelle. Handelt es sich um eine 0 oder eine 5? Zum Beispiel: Ist 675 ein Vielfaches von 15? Probieren Sie selbst. Die Antwort lautet »ja«! Die Quersumme der Zahl 675 ist $6 + 7 + 5 = 3 * 6 = 18$, und die letzte Ziffer ist 5. Damit ist sowohl die Teilbarkeit durch 3 als auch die Teilbarkeit durch 5 gegeben.

Welche Zahlen sind ohne Rest durch 15 teilbar?
185, 585, 660, 455, 390, 280, 775, 945

Methode für die Teilbarkeit durch 16

Eine Zahl ist ohne Rest durch 16 teilbar, wenn ihre letzten vier Ziffern durch 16 teilbar sind. Sollte die Zahl aus nur einer, zwei oder drei Stellen bestehen, wie 8, 35 oder 241, dann muss man sich wieder ein, zwei oder drei Nullen als Zehner-, Hunderter- oder Tausenderstelle dazudenken, damit die Zahl vierstellig wirkt. Bei der 8 also 0008, bei der 35 0035 und bei der 241 0241.

Ist die vierstellige Zahl groß, etwa 5 936, sieht man oft nicht sofort, ob 5 936 ohne Rest durch 16 geteilt werden kann. Ziehen Sie so lange 2 000 ab, bis die Zahl kleiner ist als 2 000. Im Beispiel: 5 936 → 3 936 → 1 936. Wenn es dann immer noch schwer ist, aber keine 2000 mehr abgezogen werden kann, ziehen Sie 400 ab, bis die Zahl kleiner ist als 400. Im Beispiel: 1 936 → 1 536 → 1 136 → 736 → 336. Wenn es dann immer noch zu schwer ist, aber keine 400 mehr abgezogen werden kann, ziehen Sie 80 ab, bis die Zahl kleiner ist als 80. Im Beispiel: 336 → 256 → 176 → 96 → 16. Unsere letzte Zahl, die 16, ist ohne Rest durch 16 teilbar. Deshalb ist auch 5 936 ohne Rest durch 16 teilbar.

Die Zahlen, die wir abgezogen haben, 2 000, 400 und 80 sind Vielfache von 16. Deshalb ist dieser Trick möglich.

 Welche der Zahlen sind ohne Rest durch 16 teilbar? 6 640, 960, 7 552, 43 128, 117 032, 1 334 536

Methode für die Teilbarkeit durch 17
Hier können Sie mit der Ihnen schon vertrauten Subtraktionsmethode arbeiten: Sie ziehen einfach immer 102 ab, bis Ihre Zahl kleiner als 102 ist. Denn wir haben 6 * 17 = 102. Nehmen wir als Beispiel die 663.

Sie ziehen sechs Mal 102 ab, in dem Sie einfach das Doppelte der Hunderterstelle von der Restzahl 63 abziehen:

$$63 - 2 * 6 = 63 - 12 = 51$$

Eigentlich haben Sie für jeden abgezogenen Hunderter stets zusätzlich noch 2 abgezogen. 51 ist ein Vielfaches von 17 (= 3 * 17), deshalb ist auch 663 ein Vielfaches von 17. Selten kann der Fall auftreten, dass ein negatives Ergebnis herauskommt, dann können Sie das Minuszeichen einfach wegstreichen. Beispiel: Sie verwenden die Zahl 901. Sie ziehen 9 Mal 102 ab und rechnen

$$1 - 2 * 9 = 1 - 18 = -17$$

Sie streichen das Minuszeichen. -17 → 17. 901 ist ein Vielfaches von 17, weil 17 ein Vielfaches von 17 ist (Faktor 1).

Welche der Zahlen sind ohne Rest durch 17 teilbar?
816, 748, 623, 374, 644, 398

Methode für die Teilbarkeit durch 18

Eine Zahl ist ohne Rest durch 18 teilbar, wenn sie sowohl ohne Rest durch 2 als auch durch 9 teilbar ist. Wieder kombinieren Sie zwei bekannte Methoden. Zum einen müssen Sie auf die Quersumme achten: Ist sie ein Vielfaches von 9? Zum anderen auf die letzte Ziffer: Ist es entweder eine 0, 2, 4, 6 oder 8? Nehmen wir zum Beispiel die Zahl 396. Ihre Quersumme $3 + 9 + 6 = 18$ ist ein Vielfaches von 9. Deshalb ist auch 396 ein Vielfaches von 9. Die letzte Stelle von 396 ist die 6. Deshalb ist die Zahl 396 durch 2 teilbar. Deshalb ist 396 auch durch 18 teilbar.

Welche der Zahlen sind ohne Rest durch 18 teilbar?
228, 3 456, 5 678, 9 864, 23 457, 123 456,
12 345 678

Methode für die Teilbarkeit durch 19

Hier können Sie immer einfach 95 abziehen, denn $5 * 19 = 95$. Nehmen wir als Beispiel die 323.

$$323 - 95 = 228$$
$$\text{und } 228 - 95 = 133$$
$$\text{und } 133 - 95 = 38$$

Wenn man die drei Schritte in einem zusammenfasst, erhält man

$$323 - 300 + 15$$
$$= 23 + 15 = 38$$

Die 38 erhalten Sie, indem Sie das Fünffache der Hunderterstelle zu 23 addieren. Die 38 ist also ein Vielfaches von 19 (=
2 * 19). Deshalb ist auch 323 ein Vielfaches von 19.

Welche der Zahlen sind ohne Rest durch 19 teilbar?
228, 456, 567, 361, 475, 264, 678

Methode für die Teilbarkeit durch 20

Eine Zahl ist ohne Rest durch 20 teilbar, wenn sie auf 0 endet
und die vorletzte Stelle eine gerade Ziffer ist (0, 2, 4, 6 oder
8). Betrachten wir zum Beispiel die Zahl 880. Die letzte Stelle
ist eine 0, die vorletzte Stelle (8) ist gerade. Deshalb ist 880
ohne Rest durch 20 teilbar.

Welche der Zahlen können ohne Rest durch 20 geteilt
werden?
220, 2 230, 4 440, 12 346, 56 780, 6 754 320,
998 877 630

Jetzt kommen wir zu einer etwas kniffligeren Methode, mit
der man die Teilbarkeit durch 7, 11 und 13 bei vier- bis sechs-
stelligen Zahlen testen kann. Sie können auf diese Weise
auch alle drei auf einmal prüfen, gehen also eine kleine
Abkürzung. Alternativ können Sie die Ihnen bereits bekannten Methoden verwenden. Mit der folgenden Methode
machen Sie aber große Zahlen schneller klein.

Ausgangspunkt ist folgender Sachverhalt: Wenn man die Zahlen 7, 11 und 13 multipliziert, erhält man 1 001. Die 7, die 11
und die 13 sind also Teiler der Zahl 1 001. Anders ausgedrückt,
die 1 001 ist ein Vielfaches von 7, 11 und 13. Sie soll uns jetzt
als Werkzeug dienen.

Nehmen wir als Beispiel die 123 456 und versuchen herauszufinden, ob sie ohne Rest durch 7, 11 oder 13 teilbar ist.

Wenn 1 001 ein Vielfaches von 7, 11 und 13 ist, dann muss das 123fache, also 123 ∗ 1 001 = 123 123 erst recht ein Vielfaches von 7, 11 und 13 sein. Die 123 nehmen wir deshalb, weil man auf einen Blick sieht, dass 123 ∗ 1 001 nah an unserer Zahl 123 456 liegt.

Ziehen wir von 123 456 123 123 ab

123 456 − 123 123 = 333,

dann brauchen wir nur noch zu prüfen, ob 333 durch die Zahlen 7, 11 und 13 ohne Rest teilbar ist. Wir haben mit Hilfe der Zahl 123 123 die zu untersuchende Zahl von ursprünglich 6 auf 3 Stellen gekürzt – ein großer Vorteil! Jetzt haben wir wieder eine Zahl, die wir mit den schon bekannten Methoden überprüfen können.

Wie erkennen wir, ob die 333 ein Vielfaches von 7 ist oder nicht? Wir greifen auf eine schon bekannte Methode zurück, nämlich immer die 98 abzuziehen. Da man 98 auch als (100 − 2) sehen kann, muss man für jeden Hunderter, den man abzieht, 2 addieren. Wir erhalten dann

333 − 98
= 333 − 100 + 2 = 235

Im nächsten Schritt ergibt sich

235 − 100 + 2 = 137

und zum Schluss

137 − 100 + 2 = 39

Zusammengefasst:

$$333 - 300 + 6 = 33 + 6 = 39$$

Die 39 erhalten Sie, in dem Sie das Doppelte der Hunderterstelle, statt der 3 also die 6 zu 33, den letzten beiden Stellen
der Zahl 333, addieren. Hier sind Sie mit einer ganz einfachen Addition am Ziel. Am Schluss stellen Sie fest, dass die
39 nicht ohne Rest durch 7 teilbar ist.

Eine andere Möglichkeit ist die, immer 105 abzuziehen, denn
105 ist das 15fache von 7. Wir erhalten

$$333 - 105 = 228, \text{ dann}$$
$$228 - 105 = 123 \text{ und schließlich}$$
$$123 - 105 = 18$$

Da 18 nicht ohne Rest durch 7 teilbar ist, gilt das auch für 333
und ebenso für 123 456.

Wie sieht es mit dem Teiler 11 aus? Hier arbeiten Sie wieder mit
der Elfer-Probe. Bei 333 bleibt mit $3 + 3 - 3$ ein Elfer-Rest von
3. Folglich hat auch die Zahl 123 456 einen Elfer-Rest von 3.
Auch hier können Sie einen alternativen Weg gehen, in dem
Sie immer wieder 99 (= 9 ∗ 11) abziehen. Noch einfacher:
Für jeden Hunderter, den man abzieht, kann man 1 addieren.
Wir erhalten dann

$$333 - 99$$
$$= 333 - 100 + 1 = 234$$

Im nächsten Schritt ergibt sich

$$234 - 100 + 1 = 135$$

und zum Schluss

$$135 - 100 + 1 = 36$$

Zusammengefasst:

$$333 - 300 + 3 = 33 + 3 = 36$$

Die 36 erhalten Sie, in dem Sie die Hunderterstelle, die 3, zur 33, den letzten beiden Stellen der Zahl 333 addieren. Hier sind Sie wieder mit einer ganz einfachen Addition am Ziel. Und Sie stellen fest, dass 36 nicht ohne Rest durch 11 teilbar ist.

Kommen wir zum Schluss zum Teiler 13. Dass Sie einfach immer die 91 abziehen können, wissen Sie schon. Das Ganze funktioniert aber auch mit der 104.

Von 333 ausgehend, können Sie immer 104 (= 8 * 13) abziehen. Wir haben

$$333 - 104 = 229 \text{ und}$$
$$229 - 104 = 125 \text{ und}$$
$$125 - 104 = 21$$

Die 21 lässt sich nicht ohne Rest durch 13 teilen.

Zusammengefasst:

$$333 - 300 - 12 = 33 - 12 = 21$$

Die 21 erhalten Sie, in dem Sie das Vierfache der Hunderterstelle, nämlich 12, von 33, den letzten beiden Stellen der Zahl 333, subtrahieren. Deshalb sind die Zahl 333 sowie die Ausgangszahl 123 456 nicht ohne Rest durch 13 teilbar.

Mit der 1 001 kann man also recht schnell die Teiler 7, 11 und 13 testen. Die Idee dabei ist, Produkte von Primzahlen so zu bilden, dass sie nahe bei einer runden Zahl liegen. Das ist mit 7 * 11 * 13 = 1 001 (und damit nahe bei 1 000 gelegen) zweifellos der Fall. Mit einer Zahl, die in der Nähe einer runden Zahl liegt, lässt sich besonders einfach rechnen.

Wir haben das bei dem Produkt 123 * 1001 = 123 123 gesehen. Diese Zahl haben wir von 123 456 abgezogen, um mit dem recht kleinen Rest von 333 bequem weiterrechnen zu können.

Selbst dreistellige Reste können durch einfache Subtraktionen oder Additionen noch weiter heruntergerechnet werden.

Welche der Zahlen sind durch 7, 11 und 13 ohne Rest teilbar? Beachten Sie bitte, dass eine Zahl auch durch mehrere Zahlen gleichzeitig teilbar sein kann. Hinweis: Bei einigen Zahlen ist es nützlich, mit Hilfe der 1 001 zu rechnen.

231, 364, 343, 676, 1 391, 5 005, 8 099, 23 621, 45 694, 246 896

Nach dem langen Ausflug in die Lehre der Teilbarkeit wenden wir uns wieder dem Primschafzählen zu. Damit Sie die Primschafe schnell erkennen, hier noch einige Tipps:

Klammern Sie alle Zahlen aus, die gerade sind. Außerdem alle die, deren Quersummen durch 3 ohne Rest teilbar sind. Auch Zahlen, deren Einerstelle auf 5 endet, brauchen Sie sich gar nicht erst genauer anzusehen.

Folgende Zahlen können Sie direkt streichen:

1 ist keine Primzahl und darf gestrichen werden

4, weil sie gerade ist

6, weil sie gerade ist

8, weil sie gerade ist

9, weil sie und ihre Quersumme durch 3 teilbar sind

10, weil sie gerade ist

12, weil sie gerade ist

14, weil sie gerade ist

15, weil die Einerstelle 5 ist

16, weil sie gerade ist

18, weil sie gerade ist

20, weil sie gerade ist

und so geht es weiter.

Was übrig bleibt, sind die Primzahlen. Und die müssen Sie testen! Bis zur Grenze von 20 also konkret die 2, 3, 5, 7, 11, 13, 17 und 19. Denken Sie bitte auch daran, dass Sie nur bis zur Grenze probieren müssen, also bis zu der Zahl, deren Quadrat gerade noch größer als die Zahl ist, die auf die Eigenschaft »Primzahl oder nicht« untersucht wird.

Wir untersuchen einmal, ob die 61 eine Primzahl ist. Hierfür müssen wir bis zur Grenze von 8 prüfen, denn 8 * 8 ist 64 und damit größer als 61. Die 61 ist weder durch 2, 3 oder 5 ohne Rest teilbar. 61 ist nicht gerade. Die Quersumme 7 ist nicht durch 3 teilbar und 61 endet nicht auf 0 oder 5. Sie ist auch nicht durch 4 oder 6 ohne Rest teilbar, weil sie dafür schon durch 2 und 3 hätte teilbar sein müssen. Ebenso lässt sich 61 nicht durch 7 teilen. Deshalb ist die Zahl 61 eine Primzahl. Wir haben ein Primschaf gefunden!

Jetzt probieren wir es mit der 91. Hier liegt unsere Grenze bei 10, was allerdings keinen Unterschied zur 61 macht, da 8 und 9 keine Primzahlen sind und deshalb sowieso nicht geprüft werden müssen. Ähnlich wie bei der 61 sehen wir, dass 2, 3 und 5 als Teiler ausscheiden. 91 ist nicht gerade.

Die Quersumme 10 ist nicht durch 3 teilbar. 91 endet nicht auf 0 oder 5. Allerdings ist 7 ein Teiler von 91, denn 91 = 7 * 13. 91 ist also keine Primzahl, sondern eine zusammengesetzte Zahl. Das Schaf, das zu der 91 gehört, ist ein gewöhnliches.

 Versuchen Sie jetzt selbst einmal die Primzahlen, die der 13 folgen, zu ermitteln. Und zwar alle bis 100. Ob Sie richtig liegen, verrate ich im Anhang.

Zum Schluss des Kapitels wollen wir uns großen Schafherden mit einigen hundert Schafen zuwenden und alle Schafe mustern, die den Zahlen von 351 bis 400 entsprechen, um unter ihnen die Primschafe zu finden. Sie klammern gleich im ersten Schritt die geraden Nummern, die Nummern, die eine durch 3 teilbare Quersumme haben und die Nummern, die auf 5 enden, aus. Die 351 scheidet also aus, weil die Quersumme durch 3 geteilt werden kann, die 352, weil sie gerade ist.

Probieren wir das Schaf Nummer 353 aus. Unsere Grenze liegt hier bei 19, denn 19 * 19 = 361. Die Teiler 2, 3 und 5 scheiden sofort wieder aus, weil 353 nicht gerade ist, die Quersumme sich nicht durch 3 teilen lässt und die Zahl nicht auf 5 endet.

Die 7 prüfen wir auf die bewährte Weise, indem wir 98 abziehen. Wir nehmen einfach wieder die Hunderterstelle vorne weg und fügen für jeden Hunderter 2 dazu.

$$2 * 3 + 53 = 59$$

Die 59 ist nicht ohne Rest durch 7 teilbar.

Die 11 kann geprüft werden, indem wieder so lange 99 abgezogen wird, bis wir eine zweistellige Zahl haben. Vereinfacht, indem wir vorne die Hunderter streichen und sie dann als Einer zu den letzten beiden Stellen hinzuaddieren.

$$3 + 53 = 56.$$

Auch diese Zahl ist nicht durch 11 ohne Rest teilbar.
Für die 13 arbeiten wir mit der 104. Wir nehmen wieder die Hunderter weg und ziehen dann für jeden Hunderter von der zweistelligen Zahl, die wir jetzt haben, 4 ab.

$$53 - 12 = 41$$

Auch die 41 ist nicht ohne Rest durch 13 teilbar.
Jetzt kommt noch die Primzahl 17 dran. Von 353 ausgehend können Sie zum Beispiel immer 102 $(= 6 * 17)$ abziehen.

$$353 - 102 = 251$$
$$\text{und } 251 - 102 = 149$$
$$\text{und } 149 - 102 = 47$$

Zusammengefasst:

$$353 - 300 - 6 = 53 - 6 = 47$$

Die 47 erhalten Sie, in dem Sie das Doppelte der Hunderterstelle (3) von 53, den letzten beiden Stellen der Zahl 353, subtrahieren. Da 47 nicht ohne Rest durch 17 teilbar ist, ist auch 353 nicht ohne Rest durch 17 teilbar. Damit haben wir nachgewiesen, dass 353 eine Primzahl ist – wieder ein Primschaf! Durch die nächste Primzahl, die 19, braucht nicht mehr geteilt zu werden, weil $19 * 19 = 361$ größer als 353 ist.
Jetzt wünsche ich Ihnen viel Spaß beim Ermitteln von Primschafen und dann eine Gute Nacht!

Dank

Zum Schluss möchte ich mich bei all denjenigen bedanken, die an diesem Buch mitgewirkt haben.

Bei Martina Lange-Blank für ihre Unterstützung, Geduld und das leckere Spaghetti-Rezept.

Bei Axel Wilhelm, Katrin Lankers und Natalie Hoegger dafür, dass sie mir erzählt haben, wie sie sich Zahlen merken.

Bei meinem Architekten Hans Papies, der mich an der Welt der Architektur teilhaben lässt und mich mit vielen Informationen versorgt hat.

Bei meiner Agentin Bettina Querfurth für ihre vielen Anregungen und Ideen.

Bei Sibylle Meyer und Volker Jarck vom S. Fischer Verlag, die alles tun, damit man sich als Autor dort wohl fühlt.

Bei Mirjam Zuchtriegel, die mir für mein erstes Buch so viele Auftritte verschafft hat, sowie bei Ricarda von Bergen und Kerstin Schuster, die dafür gesorgt haben, dass mein erstes Buch auch in Kroatien, Taiwan und Ungarn erscheint.

Lösungen

 Sie werden festgestellt haben, dass ich Lösungswege ausführlich aufschreibe, um Sie mit meiner Art des Rechnens vertraut zu machen. In der Regel zeige ich Ihnen nur eine mögliche Vorgehensweise, aber natürlich gibt es in den meisten Fällen auch andere Wege, zum richtigen Ergebnis zu kommen. Wenn Sie Ihren eigenen Ansatz finden, können Sie sich getrost zu den Fortgeschrittenen rechnen!

6.48 Uhr   Guten Morgen! Addieren beim Kaffeekochen

1. $3 + 5 + 7 + 11 + 13 + 15$
$= 3 + 5 + 7 + 10 + 1 + 10 + 3 + 10 + 5$
$= 1 + 3 + 3 + 5 + 5 + 7 + 10 + 10 + 10$
$= 1 + 6 + 10 + 7 + 10 + 10 + 10$
$= 7 + 7 + 10 + 10 + 10 + 10$
$= 14 + 40$
$= 54$

2. $2 + 4 + 12 + 14 + 22 + 24$
$= 2 + 4 + 10 + 2 + 10 + 4 + 20 + 2 + 20 + 4$
$= 2 + 2 + 2 + 4 + 4 + 4 + 10 + 10 + 20 + 20$
$= 6 + 12 + 20 + 40$
$= 78$

3. $46 + 49 + 51 + 97 + 111 + 103$
$= (50 - 4) + (50 - 1) + (50 + 1) + (100 - 3) + (100 + 11)$
$+ (100 + 3)$

$= 3 * 50 - 4 + 3 * 100 + 11$

$= 146 + 311$

$= 457$

Alternativ können $(50 - 1) + (50 + 1)$ direkt zu 100 und $(100 - 3) + (100 + 3)$ direkt zu 200 zusammengefasst werden.

4. $26 + 32 + 33 + 78 + 81 + 99 + 102$

$= (30 - 4) + (30 + 2) + (30 + 3) + (80 - 2) + (80 + 1) +$
$(100 - 1) + (100 + 2)$

$= 3 * 30 + 1 + 2 * 80 - 1 + 2 * 100 + 1$

$= 90 + 160 + 200 + 1 - 1 + 1 = 250 + 200 + 1$

$= 451$

5. $14 + 28 + 31 + 32 + 33 + 69 + 72 + 74 + 111$

$= (10 + 4) + (30 - 2) + (30 + 1) + (30 + 2) + (30 + 3) +$
$(70 - 1) + (70 + 2) + (70 + 4) + (110 + 1)$

$= 10 + 4 + 4 * 30 + 4 + 3 * 70 + 5 + 110 + 1$

$= 10 + 120 + 210 + 110 + 4 + 4 + 5 + 1$

Hier kann ich die 10 und die 110 zu 120 sowie die Zahlen $4 + 5 + 1$ zu 10 zusammenfassen und erhalte $120 + 120 + 210 + 10 + 4$. Dann kann ich die 10 und die 210 zu 220 zusammenfassen und erhalte $120 + 120 + 220 + 4 = 400 + 60 + 4 = 464$.

8.38 Uhr   Subtrahieren im Stau

1. Über Addition:

$98 - 12 - 14 - 15$

$= 98 - (12 + 14 + 15)$

Die Trennung von Einern und Zehnern ergibt:

$12 + 14 + 15$
$= 10 + 2 + 10 + 4 + 10 + 5$
$= 10 + 10 + 10 + 2 + 4 + 5$

Zusammenfassen liefert:

$10 + 10 + 10 + 2 + 4 + 5$
$= 3 * 10 + 2 + 4 + 5$
$= 30 + 11$
$= 41$

Jetzt ist noch $98 - 41$ zu rechnen. Ich empfehle $98 - 41 = 98 - 40 - 1$ zu rechnen. $98 - 40 = 58$ und $58 - 1 = 57$. Fertig!

2. Schrittweise Subtraktion:

$77 - 11 - 22 - 34$
$= 66 - 22 - 34$

(Wenn Minuend, hier 77, und Subtrahend, der erste ist die 11, aus gleichen Ziffern bestehen, ist die Subtraktion besonders einfach: Ziffernweise braucht nur 1 abgezogen zu werden. Genau ein Zehner und ein Einer.) $66 - 22 - 34 = 44 - 34$.
Hier wird genauso vorgegangen, nur dass zwei Zehner und zwei Einer abgezogen werden. Zum Schluss muss $44 - 34$ gerechnet werden. Wenn Minuend und Subtrahend die gleiche Einerstelle haben, kann zwei Mal abgezogen werden. Eine Addition ist nicht nötig: $44 - 34 = 44 - 30 - 4 = 14 - 4 = 10$

3. Über Addition:

$125 - 23 - 34 - 41$
$= 125 - (23 + 34 + 41)$

Die Trennung von Einern und Zehnern ergibt:

$$23 + 34 + 41$$
$$= 20 + 3 + 30 + 4 + 40 + 1$$
$$= 20 + 30 + 40 + 3 + 4 + 1$$

Zusammenfassen liefert:

$$20 + 30 + 40 + 3 + 4 + 1$$
$$= 90 + 3 + 4 + 1$$
$$= 90 + 8$$
$$= 98$$

Jetzt ist noch $125 - 98$ zu rechnen. Ich empfehle, $125 - 98 = 125 - 100 + 2$ zu rechnen (die Einerstelle des Minuenden, 5, ist kleiner als die Einerstelle des Subtrahenden, 8). Hier tritt der günstige Fall auf, dass das nächstgrößere Vielfache von 10 – von 98 aus gesehen – genau 100 ist. Somit gestaltet sich die erste Subtraktion besonders einfach. $125 - 100 = 25$ und $25 + 2 = 27$.

4. Über Addition:

$$132 - 23 - 33 - 43$$
$$= 132 - (23 + 33 + 43)$$

Die Trennung von Einern und Zehnern ergibt:

$$23 + 33 + 43$$
$$= 20 + 3 + 30 + 3 + 40 + 3$$
$$= 20 + 30 + 40 + 3 + 3 + 3$$

Zusammenfassen liefert:

$$20 + 30 + 40 + 3 + 3 + 3$$
$$= 90 + 9$$
$$= 99$$

Jetzt ist noch 132 – 99 zu rechnen. Ich empfehle, 132 – 99 = 132 – 100 + 1 zu rechnen (die Einerstelle des Minuenden, 2, ist kleiner als die Einerstelle des Subtrahenden, 9). Hier tritt wieder der Fall auf, dass das nächstgrößere Vielfache von 10 – von 99 aus gesehen – 100 ist. Damit wird die erste Subtraktion besonders einfach. 132 – 100 = 32 und 32 + 1 = 33.

Weniger offensichtlich zu erkennen: 23 + 33 + 43 ist das Gleiche wie 3 * 33 = 99. Denn 23 + 33 + 43 kann auch in der Form (33 – 10) + 33 + (33 + 10) = 3 * 33 geschrieben werden.

5. Über Addition:

154 – 22 – 37 – 51
= 154 – (22 + 37 + 51)

Trennung von Einern und Zehnern ergibt:

22 + 37 + 51
= 20 + 2 + 30 + 7 + 50 + 1
= 20 + 30 + 50 + 2 + 7 + 1

Zusammenfassen liefert:

20 + 30 + 50 + 2 + 7 + 1
= 100 + 10
= 110

Jetzt ist noch 154 – 110 zu rechnen. Ich empfehle, 154 – 110 = 154 – 100 – 10 zu rechnen. Hier stellen sich die Subtraktionen besonders einfach dar, weil beide Subtrahenden eine 0 als Einerstelle aufweisen. 154 – 100 = 54 und 54 – 10 = 44. Fertig!

9.01 Uhr   E-Mails checken: Addition und Subtraktion gemischt

1.   56 – 45 + 34 – 23 + 12 – 1 = ?

Eine Möglichkeit ist die Addition der Plus-Zahlen (56, 34 und 12) und anschließend die Addition der Minus-Zahlen (45, 23 und 1). Die Plus-Zahlen ergeben 56 + 34 + 12 = 50 + 6 + 30 + 4 + 10 + 2 = 90 + 10 + 2 = 102 und die Minus-Zahlen ergeben 45 + 23 + 1 = 40 + 5 + 20 + 3 + 1 = 60 + 9 = 69. Die Summe der Minus-Zahlen (69) wird von der Summe der Plus-Zahlen (102) abgezogen. Wir erhalten 102 – 69 = 102 – 70 + 1 = 32 + 1 = 33 und sind am Ziel.

Diese Aufgabe kann aber auch eleganter gelöst werden. Sie haben vielleicht bemerkt, dass die Einerstelle jeder Zahl um eins größer ist als die Zehnerstelle. Das gilt auch für die 1, deren Zehnerstelle 0 ist. Außerdem verkleinern sich die Zehner- und Einerstellen der Zahlen von links nach rechts immer um 1. Somit haben alle benachbarten Zahlen den Unterschied 11. Z.B. gilt 56 – 45 = 11, genauso wie 34 – 23 = 11, ebenso 12 – 1 = 11. Mit dieser Information kann ich die ursprüngliche Aufgabe deutlich vereinfachen: 56 – 45 + 34 – 23 + 12 – 1 = (56 – 45) + (34 – 23) + (12 – 1) = 11 + 11 + 11 = 3 * 11 = 33.

2.   67 + 23 + 66 – 52 – 57 – 31 = ?

Hier stehen die Plus- und Minus-Zahlen in der »richtigen« Reihenfolge. Die Addition der Plus-Zahlen ergibt 67 + 23 + 66 = 60 + 7 + 20 + 3 + 60 + 6 = 140 + 10 + 6 = 156, die der Minus-Zahlen 52 + 57 + 31 = 50 + 2 + 50 + 7 + 30 + 1 = 100 + 30 + 10 = 140. Die Summe der Minus-Zahlen (140) wird von der Summe der Plus-Zahlen (156) abgezogen. Wir erhalten 156 – 140 = 56 – 40 = 16 und sind am Ziel. Eine Zusammenfassung ähnlich großer Zahlen bietet sich weniger an als bei der vorherigen Aufgabe.

3. 22 + 44 + 66 − 55 − 33 − 11 = ?

Auch hier stehen die Plus- und Minus-Zahlen in der richtigen Reihenfolge. Die Addition der Plus-Zahlen ergibt 22 + 44 + 66 = 20 + 2 + 40 + 4 + 60 + 6 = 120 + 12 = 132, die der Minus-Zahlen 55 + 33 + 11 = 50 + 5 + 30 + 3 + 10 + 1 = 90 + 9 = 99. Die Summe der Minus-Zahlen (99) wird von der Summe der Plus-Zahlen (132) abgezogen. Wir erhalten 132 − 99 = 132 − 100 + 1 = 32 + 1 = 33 und sind am Ziel.

Eleganter kann die Rechnung werden, wenn zunächst alle Zahlen durch 11 geteilt werden, weil jede auftretende Zahl ohne Rest durch 11 geteilt werden kann. Wir schreiben: 22 + 44 + 66 − 55 − 33 − 11 = 11 ∗ (2 + 4 + 6 − 5 − 3 − 1) und rechnen zuerst die Zahlen in der Klammer aus (2 + 4 + 6 − 12 abzüglich 1 + 3 + 5 = 9 ergibt 3) und multiplizieren das Ergebnis mit 11 (3 ∗ 11 = 33) und sind fertig.

4. 34 + 71 + 65 − 46 − 33 − 61 = ?

Auch hier stehen die Plus- und Minus-Zahlen in der richtigen Reihenfolge. Die Addition der Plus-Zahlen ergibt 34 + 71 + 65 = 30 + 4 + 70 + 1 + 60 + 5 = 160 + 10 = 170, die der Minus-Zahlen 46 + 33 + 61 = 40 + 6 + 30 + 3 + 60 + 1 = 130 + 10 = 140. Die Summe der Minus-Zahlen (140) wird von der Summe der Plus-Zahlen (170) abgezogen. Wir erhalten 170 − 140 = 70 − 40 = 30 und sind am Ziel.

5. 65 − 45 + 67 − 33 + 85 − 63 = ?

Die Addition der Plus-Zahlen ergibt 65 + 67 + 85 = 60 + 5 + 60 + 7 + 80 + 5 = 200 + 17 = 217, die der Minus-Zahlen 45 +

33 + 63 = 40 + 5 + 30 + 3 + 60 + 3 = 130 + 11 = 141. Die Summe der Minus-Zahlen (141) wird von der Summe der Plus-Zahlen (217) abgezogen. Wir erhalten 217 − 141 = 117 − 41 = 117 − 40 − 1 = 77 − 1 = 76 und sind am Ziel.

Eleganter kann die Rechnung werden, wenn Plus- und Minus-Zahlen geschickt zusammengefasst werden: Anstelle von 65 − 63 kann direkt mit der Zahl 2 gerechnet werden und anstelle 85 − 45 direkt mit der Zahl 40. Wir erhalten damit 65 − 45 + 67 − 33 + 85 − 63 = (65 − 63) + (85 − 45) + 67 − 33 = 2 + 40 + 67 − 33 = 109 − 33 = 109 − 30 − 3 = 79 − 3 = 76 und sind fertig.

9.50 Uhr   Größere Zahlen addieren beim Tagträumen

1. 2 705
2. 7 853
3. 161 283
4. 176
5. 1 821
6. 25 447
7. 149
8. 1 049
9. 22 076
10. 54
11. 574
12. 1 958

10.13 Uhr   Multiplizieren bis 15 * 15: Fingermathematik im Meeting

1. 154, 144, 195
2. 117, 72, 77

3. 28, 48, 39

4. 45, 42, 81

5. 21, 36, 16

Vermischte Fälle:

75	78	24
44	126	120
35	225	70
143	49	

11.46 Uhr   Quadratzahlen multiplizieren

36, 49, 64, 81, 100, 121, 144, 169, 196, 225

Berechnung der Quadrate der Zahlen 21 und 23 (mit zwei Händen):
441, 529

Berechnung der Quadrate der Zahlen 19 und 16 (mit zwei Händen):
361, 256

Aufgaben am Ende des Kapitels

1. Berechnung der Quadrate der Zahlen 25, 85 und 95 mit Hilfe der Formel $a5^2 = (a * (a + 1))$ und 25 anhängen
625, 7 225, 9 025

2. 289, 784, 1 681, 3 844, 5 929, 6 889, 8 281, 9 801

12.32 Uhr   Mittagspause: Multiplizieren bis 100 * 100

696	196	3 003
234	434	2 072
1 166	267	2 924
1 645	4 356	1 872
2 255	5 214	5 625

14.37 Uhr   Überkreuzmultiplikation für größere Zahlen

Mit der Fingermathematik besteht die Gemeinsamkeit, dass wir es in beiden Fällen mit vier Schritten zu tun haben. Zehnerstelle mal Zehnerstelle, dann Einerstelle mal Zehnerstelle, dann Zehnerstelle mal Einerstelle und zum Schluss Einerstelle mal Einerstelle. Nur behandeln wir in der Fingermathematik die 47 als 50 – 3 (3 Finger nach unten) und nicht als 40 + 7 wie bei der schriftlichen Überkreuzmultiplikation. Man käme bei der schriftlichen Methode durcheinander, wenn man statt mit der 47 immer mit 50 – 3 arbeiten müsste.

$23 * 61 = 1 403$
$34 * 81 = 2 754$
$17 * 58 = 986$
$83 * 28 = 2 324$
$47 * 92 = 4 324$

$245 * 823 = 201 635$
$184 * 492 = 90 528$
$462 * 734 = 339 108$
$34 * 385 = 13 090$

15.04 Uhr   Das Index-Prinzip und das Von-oben-links-nach-oben-rechts-Prinzip

Tausenderstelle:

$a_3 * b_0 + a_2 * b_1 + a_1 * b_2 + a_0 * b_3$
(Summe ist immer 3)

Zehntausenderstelle:

$a_4 * b_0 + a_3 * b_1 + a_2 * b_2 + a_1 * b_3 + a_0 * b_4$
(Summe ist immer 4)

15.29 Uhr   Multiplikationen überprüfen mit der Neuner-Probe

$332 * 811 = 269\,252$
$156 * 4\,281 = 667\,836$
$92\,512 * 2\,567 = 237\,478\,304$
$28\,452 * 19\,472 = 554\,017\,344$
$387\,892 * 21\,937 = 8\,509\,186\,804$

16.00 Uhr   Multiplikationen überprüfen mit der Elfer-Probe

$624 * 2\,931 = 1\,828\,944$
$1\,356 * 7\,534 = 10\,216\,104$
$17\,823 * 57\,291 = 1\,021\,097\,493$
$247\,911 * 37\,823 = 9\,376\,737\,753$

17.10 Uhr   Dividieren in der Reinigung

$27,60\,€ : 3 = 9,20\,€$
$47,50\,€ : 5 = 9,50\,€$

33,60 € : 8 = 4,20 €
41,80 € : 11 = 3,80 €

Textaufgabe
Sie teilen den Abstand Oberkante Balkongeländer bis zum Erdboden (7,25 Meter) durch 2,5, um den erforderlichen Mindestabstand in Metern zum Nachbargrundstück zu ermitteln. Denn pro 2,5 Höhenmeter des Bauobjekts muss laut Verordnung der Mindestabstand $2,5 * 40$ Zentimeter $= 5 * 20$ Zentimeter $= 100$ Zentimeter $= 1$ Meter betragen. Rechenplanung: Durch zweimalige Verdopplung können Sie die Division deutlich vereinfachen. Erste Verdopplung: Wenn Sie beide Zahlen verdoppeln, vereinfacht sich die Aufgabe. Das Ergebnis bleibt unverändert: $7,25$ Meter $* 2 = 14,5$ Meter und $2,5 * 2 = 5$. Die zweite Verdopplung ergibt eine weitere Vereinfachung: $14,5$ Meter $* 2 = 29$ Meter und $5 * 2 = 10$. Jetzt teilen Sie 29 Meter durch 10 und erhalten direkt 2,9 Meter. Mit Ihrem Mindestabstand von 3 Metern zum Nachbargrundstück halten Sie diese Verordnung (mindestens 2,9 Meter) ein, so dass der Nachbar mit seinen Vorwürfen für sich kein Recht beanspruchen kann.

17.23 Uhr   Prozentrechnung im Fitnessstudio

1. etwa 6 %
2. 47,60 €
3. ca. 67,46 €

18.46 Uhr   Mit der Zinsrechnung zum Führerschein

Anlagewert nach Jahren: Jahr 0: 2 000 €; Jahr 1: 2 400 €; Jahr 2: 2 880 €; Jahr 3: 3 456 €; Jahr 4: 4 147,20 €.
Sie haben Ihr Ziel, die Anlage zu verdoppeln, nach vier Jahren mehr als erreicht mit jetzt 4 147,20 €.

19.43 Uhr   Dreisatz beim Nudelkochen

Dreisatz mit Fleischtomaten
Ziel: Wir wollen herausfinden, wie viel Fleischtomaten für 3 Personen benötigt werden. Wir wissen: 8 Personen essen 4 Fleischtomaten *(1. Satz* = Ausgangssatz).
Schluss auf die Einheit:
1 Person isst 4/8 Fleischtomaten *(2. Satz* = Einser-Satz).
Schluss auf die Vielheit:
3 Personen essen $3 * \frac{4}{8} = \frac{12}{8} = \frac{3}{2} = 1,5$ Fleischtomaten *(3. Satz* = Ergebnissatz und Vereinfachung des Ergebnisses).

Bei den weiteren Lösungen fasse ich die drei Schritte jeweils im Ergebnissatz zusammen und skizziere die Vereinfachungen:

$1\frac{1}{2}$ l Wasser:
3 Personen benötigen: $3 * \frac{1,5}{8} = \frac{4,5}{8} = \frac{9}{16}$ l Wasser.
(Alternativ: $\frac{9000 \text{ ml}}{16} = 562,5$ ml Wasser)

$\frac{1}{2}$ l Tomatensaft:
3 Personen benötigen: $3 * \frac{0,5}{8} = \frac{1,5}{8} = \frac{3}{16}$ l Tomatensaft.
(Alternativ: $\frac{3000 \text{ ml}}{16} = 187,5$ ml Tomatensaft)

200 g Parmesan:

3 Personen essen $3 * \frac{200}{8} = \frac{600}{8} = 75$ g Parmesan.

4 Paprika:

3 Personen essen $3 * \frac{4}{8} = \frac{12}{8} = 1,5$ Stück Paprika.

(Alternativ: jeweils $\frac{3}{8}$ rote/gelbe/grüne/orangene Paprika)

2 Gemüsezwiebeln:

3 Personen essen $3 * \frac{2}{8} = \frac{6}{8} = \frac{3}{4}$ Stück Gemüsezwiebeln.

2 gehäufte EL Tomatenmark = 3 gestrichene EL Tomatenmark
= 9 gestrichene TL Tomatenmark:

3 Personen essen $3 * \frac{9}{8} = \frac{27}{8} = 3\frac{3}{8}$ gestrichene TL Tomatenmark.

(Alternativ: $3 * \frac{3}{8} = \frac{9}{8} = 1\frac{1}{8}$ gestrichene EL Tomatenmark)

2 gestrichene TL Salz:

3 Personen essen $3 * \frac{2}{8} = \frac{6}{8} = \frac{3}{4}$ gestrichene TL Salz.

$\frac{1}{2}$ TL Pfeffer:

3 Personen essen $3 * \frac{0,5}{8} = \frac{1,5}{8} = \frac{3}{16}$ gestrichene TL Pfeffer.

1 gehäufter TL Rosen-Paprika = 1,5 gestrichene TL Rosen-
Paprika:

3 Personen essen $3 * \frac{1,5}{8} = \frac{4,5}{8} = \frac{9}{16}$ gestrichene TL Rosen-
Paprika.

2 gehäufte EL Gemüsebrühe = 3 gestrichene EL Gemüsebrühe = 9 gestrichene TL Gemüsebrühe:

3 Personen essen $3 * \frac{9}{8} = \frac{27}{8} = 3\frac{3}{8}$ gestrichene TL Gemüsebrühe.

(Alternativ: $3 * \frac{3}{8} = \frac{9}{8} = 1\frac{1}{8}$ gestrichene EL Gemüsebrühe)

2 EL Olivenöl zum Anbraten = 6 TL Olivenöl:

3 Personen benötigen $3 * \frac{6}{8} = \frac{18}{8} = \frac{9}{4} = 2\frac{1}{4}$ TL Olivenöl.

(Alternativ: $3 * \frac{2}{8} = \frac{6}{8} = \frac{3}{4}$ EL Olivenöl)

Für die 5-Personen-Variante können Sie, statt den Dreisatz anzuwenden, einfach die Ergebnisse der 3-Personen-Variante mit dem Wert $\frac{5}{3}$ multiplizieren. Alternativ können Sie trotzdem den Dreisatz anwenden und Ihre Ergebnisse mit meinen vergleichen. Hier die Ergebnisse ohne Rechenweg.

2 kg gemischtes Hackfleisch: 1,25 kg gemischtes Hackfleisch

1,5 kg Nudeln: $\frac{15}{16}$ kg Nudeln = 0,9375 kg Nudeln

4 Fleischtomaten: 2,5 Fleischtomaten

$1\frac{1}{2}$ l Wasser: $\frac{15}{16}$ l Wasser = 937,5 ml Wasser

$\frac{1}{2}$ l Tomatensaft: $\frac{5}{16}$ l Tomatensaft = 312,5 ml Tomatensaft

200 g Parmesan: 125 g Parmesan

4 Paprika (rot, gelb, grün und orange): 2,5 Stück Paprika (die orangene könnte man weglassen und nur eine kleine gelbe verwenden)

2 Gemüsezwiebeln: 1,25 Gemüsezwiebeln

2 gehäufte EL Tomatenmark: $\frac{15}{8}$ gestrichene EL Tomatenmark = 5 $\frac{5}{8}$ gestrichene TL Tomatenmark. Es dürfen auch 6 sein.

2 gestrichene TL Salz: 1,25 gestrichene TL Salz.

$\frac{1}{2}$ TL Pfeffer: $\frac{5}{16}$ TL Pfeffer

1 gehäufter TL Rosen-Paprika: $\frac{15}{16}$ gestrichene TL Rosen-Paprika. Es darf auch ein ganzer gestrichener TL sein.

2 gehäufte EL Gemüsebrühe: $\frac{15}{8}$ gestrichene EL Gemüsebrühe = 5 $\frac{5}{8}$ gestrichene TL Gemüsebrühe. Es dürfen wiederum auch 6 sein.

2 EL Olivenöl zum Anbraten: 1,25 EL Olivenöl oder 3,75 TL Olivenöl.

21.16 Uhr   Dreisatz für die Urlaubsplanung

Wir wissen: Bei fünf Wochen haben Sie pro Woche 8000 schwedische Kronen zur Verfügung *(1. Satz)*.

Schluss auf die Einheit: Bei einer Woche stehen Ihnen 8000 schwedische Kronen $* 5 = 40000$ schwedische Kronen zur Verfügung *(2. Satz)*.

Schluss auf das Vierfache der Einheit: Bei vier Wochen stehen Ihnen $\frac{40000 \text{ schwedische Kronen}}{4}$ zur Verfügung *(3. Satz)*.

Im letzten Schritt teilen Sie 40000 durch 4 und erhalten als Ergebnis 10000 schwedische Kronen.

Die zweite Frage (zwei Wochen) lässt sich ähnlich lösen. Der erste und zweite Satz ist gegenüber oben unverändert. Nur der dritte Satz ist anders:

Schluss auf das Zweifache der Einheit: Bei zwei Wochen stehen Ihnen $\frac{40\,000\ \text{schwedische Kronen}}{2}$ zur Verfügung *(3. Satz)*.

Im letzten Schritt teilen Sie 40 000 durch 2 und erhalten als Ergebnis 20 000 schwedische Kronen.

22.47 Uhr   Gute Nacht! Primschäfchen zählen

Welche der Zahlen sind ohne Rest durch 3 teilbar?
57, 300, 1 357 899

Welche der Zahlen sind ohne Rest durch 4 teilbar?
76, 300, 23 456, 5 554 112, 56 789 012

Welche der Zahlen sind ohne Rest durch 5 teilbar?
55, 225, 1 000, 2 340, 11 225, 22 445, 55 550

Welche der Zahlen sind ohne Rest durch 6 teilbar?
234, 3 456, 9 864, 123 456, 12 345 678

Welche der Zahlen sind ohne Rest durch 7 teilbar?
161, 952, 364, 812, 665

Welche der Zahlen sind ohne Rest durch 8 teilbar?
8, 104, 3 336, 23 464, 1 357 896, 5 554 112

Welche der Zahlen können ohne Rest durch 9 geteilt werden?
990, 9 999, 234 567, 123 456 789

Welche der Zahlen können ohne Rest durch 11 geteilt werden?
242, 781, 990, 9999, 1111778899.

Welche der Zahlen können ohne Rest durch 12 geteilt werden?
444, 444444, 675432, 123456

Welche der Zahlen können ohne Rest durch 13 geteilt werden?
247, 520, 689

Welche Zahlen sind ohne Rest durch 14 teilbar?
182, 196, 952, 364, 812

Welche Zahlen sind ohne Rest durch 15 teilbar?
585, 660, 390, 945

Welche der Zahlen sind ohne Rest durch 16 teilbar?
6640, 960, 7552

Welche der Zahlen sind ohne Rest durch 17 teilbar?
816, 748, 374

Welche der Zahlen sind ohne Rest durch 18 teilbar?
3456, 9864, 12345678

Welche der Zahlen sind ohne Rest durch 19 teilbar?
228, 456, 361, 475

Welche der Zahlen können ohne Rest durch 20 geteilt werden?
220, 4 440, 56 780, 6 754 320

Welche der Zahlen sind durch 7 (durch 11, durch 13) ohne Rest teilbar? Die Teiler stehen in Klammern hinter der Zahl.
231: (7, 11); 364: (7, 13); 343: (7); 676: (13); 1 391: (13); 5 005: (7, 11, 13); 8 099: (7, 13); 23 621: (13); 45 694: (11); 246 896: (13)

Die Primzahlen (größer als 13) bis 100 lauten:
17, 19, 23, 29, 31, 37, 41, 43, 47, 53, 59, 61, 67, 71, 73, 79, 83, 89, 97.

Die Primzahlen-Schafe im Zahlenraum zwischen 351 und 400 sind:
353, 359, 367, 373, 379, 383, 389, 397

Dr. Dr. Gert Mittring
Rechnen mit dem Weltmeister
Mathematik und Gedächtnistraining
für den Alltag

Band 18989
Band 51283

Für manche sind Zahlen eine Leidenschaft, für andere ein
Buch mit sieben Siegeln. Ob nun das eine oder das andere auf
Sie zutrifft: Ohne Mathematik läuft in unserer Welt gar
nichts. Gert Mittring, Weltmeister im Kopfrechnen, zeigt,
dass man vor Zahlen keine Angst haben muss. Und er be-
weist, dass Rechnen richtig Spaß machen kann. Mehr noch:
Es hilft Ihnen beim Problemlösen, trainiert Ihr Gedächtnis
und stärkt Ihre Konzentrationsfähigkeit.

fi 666 077 / 1

Wie man mit einem Schokoriegel die Lichtgeschwindigkeit misst und andere nützliche Experimente für den Hausgebrauch

Herausgegeben von Mick O'Hare
Übersetzt von Hartmut Schickert, Birgit Brandau
und Hans Günter Holl

Band 18144

In jedem von uns
steckt ein Nobelpreis-Träger.

Warum schmeckt geschüttelter Martini anders als gerührter?
Wie extrahiert man im Badezimmer die eigene DNA? Gefriert heißes Wasser tatsächlich schneller als kaltes? Mick O'Hare gibt die Antworten. Mit 79 witzigen Do-it-yourself-Experimenten werden Sie selbst zum Wissenschaftler – ob in der Küche, im Bad oder im Garten.

Fischer Taschenbuch Verlag

Richard Wiseman
Wie Sie in 60 Sekunden Ihr Leben verändern
Aus dem Englischen von Jürgen Schröder

Band 18517

Es ist viel einfacher, Ihr Leben zu verändern, als Sie dachten und als Ihnen viele Lebensberater weismachen wollen. Neueste Studien haben ergeben, dass es viele Techniken gibt, die hoch effektiv sind, weniger als 60 Sekunden Zeit brauchen und deren Erfolg vor allem wissenschaftlich erwiesen ist. In diesem Buch bringt der Psychologe und Bestsellerautor Richard Wiseman erstmals diese Techniken zusammen und zeigt, wie und warum sie funktionieren. So erklärt er unter anderem

- wie man um 10 Prozent kreativer wird,
  nur indem man sich hinlegt;
- wie ein Bleistift im Mund unmittelbar
  das Glückempfinden stimuliert;
- warum eine leichte Berührung am Arm einer
  fremden Person um 62 Prozent die Chancen
  erhöht, dass diese Person Sie mag;
- wie das Anbringen eines Spiegels in Ihrer Küche
  Ihnen dabei helfen könnte, Pfunde zu verlieren.

Richard Wiseman zeigt in seinem unterhaltsamen Buch, dass der persönliche und berufliche Erfolg weniger als eine Minute entfernt sein kann.

»Es besteht kaum ein Zweifel daran, dass
Richard Wiseman der interessanteste und erfindungs-
reichste Verhaltenspsychologe der Welt ist.«
Scientific American

Fischer Taschenbuch Verlag

Donal O'Shea
Poincarés Vermutung
Die Geschichte eines mathematischen Abenteuers
Aus dem Amerikanischen von Hartmut Schickert

Band 17663

Die Poincarésche Vermutung ist eines der sieben größten mathematischen Probleme aller Zeiten. Donal O'Shea erklärt in
seinem spannenden Buch die mathematischen Hintergründe
und erzählt von den vielen Genies, die mit ihren bahnbrechenden Arbeiten die Vermutung vorbereitet haben. 1904
formuliert, verzweifelten ein Jahrhundert lang die brillantesten Mathematiker an ihrer Lösung – bis der Russe Gregorij
Perelman kam, der bei seiner Mutter lebt, Opern liebt und das
Preisgeld von einer Million Dollar ablehnte. Packend wie ein
Roman ist »Poincarés Vermutung« eine Reise in die abenteuerliche Geschichte der Mathematik und ein faszinierendes
Porträt der Menschen, die sie betreiben.

»Donal O'Shea [...] erzählt nun nicht nur die Geschichte
von Grigorij Perelman, sondern auch die Mathematik dazu.
Es ist ein Meisterwerk geworden.«
Spektrum der Wissenschaft

»Fast ohne Formeln erschließt O'Shea fesselnd, ja bisweilen
unterhaltsam Geschichte und Denkwelt seiner Zunft.«
KulturSpiegel

Fischer Taschenbuch Verlag

fi 17663 / 1

Voller magischer Momente für Leser

Buchbewertungen und Buchtipps von leidenschaftlichen Lesern, täglich neue Aktionen und inspirierende Gespräche mit Autoren und anderen Buchfreunden machen Lovelybooks.de zum größten Treffpunkt für Leser im Internet.

LOVELYBOOKS.de
weil wir gute Bücher lieben

fi 444 002 / 1e